현정의 결,

가까이 두고 오래 사랑할
도쿄 여행법

이 지면은 종이와 박스 전문점 박스엔들과 가고시마 마코토 씨가 함께 디자인한 종이로 꾸몄습니다

아무도 나를 신경 쓰지 않고, 아무것도 묻지 않으면 좋겠는데….
처음, 그때는 그랬다.

Prologue

프 롤 로 그

내 '곁' 가장 가까운 도쿄

잠시 콧바람을 쐬고 싶을 때,
나는 훌쩍 도쿄로 향한다.
그만큼 도쿄는 심리적으로, 물리적으로,
감성적으로 내 곁 가장 가까이 있다.

−어느 날의 메모에서

작년 오키나와 여행에서 돌아오는 길, 일행과 공항으로 가는 차 안에서 이곳저곳 다음 행선지를 골랐다. 한 번으로 끝나는 여행이 되지 않을 것임을 서로가 직감하고 자연스럽게 '내년'을 기약한 것이다. 피렌체니, 스페인이니 종로니, 남극까지 나오면서 결국은 "이건 당신들 게 아니라 바로 내 여행이라고요!" 하고 소리를 꽥 지르고 말았다. 그러고 나니 올해 봄부터 어디를 가야 하나, 괜시리 마음에 부담이 생겼다. 고현정은 세계 여러 곳을 여행했을 거라고 생각하는 사람이 많겠지만, 나 또한 가본 곳보다 그러지 못한 곳이 더 많다. 특히나 잘 알려진 도시일수록 그동안 더욱 인연이 멀었다.

처음에는 스웨덴에 가볼까 싶었다. '고현정의 여행, 여행(女幸)'은 여자가 행복해지는 여행이니까 한 사람의 여자로서 나도 행복해지기 위해, 세상의 많은 싱글 여성을 응원하기 위해 '고현정의 남자 친구 찾기 프로젝트'는 어떨까도 생각했다. 아니면 싱가포르? 최근 재미있는 작업을 하는 아티스트가 많아지고, 음식이 맛있다는 싱가포르도 썩 괜찮은 선택이리라. 그렇지만 아무리 10월이라 해도 더울 것 같아서 포기. 오키나와도 다 좋았지만 더워서 고생은 좀 했으니까.

그렇게 이런저런 조사를 하고 이야기를 나누던 중 회사 관계자가 한참의 침묵 끝에 툭, 한 마디 던졌다. "그러지 말고 도쿄부터 다시 시작하는 건 어때요?" 순간, 엉켜 있던 매듭에서 실 하나가 휘리릭 풀려나오는 기분이 들었다. 그렇다, 인생의 또 다른 막을 시작했던 곳, 처음으로 혼자서 새롭게 시작하는 게 많았던 곳, 그리고 신혼 생활을 시작한 그곳부터 찍고 다른 곳을 가자 싶었다.

사실 도쿄는 콧바람을 쐬고 싶을 때 잠깐씩 자주, 그리고 가깝게 마음 편하게 들르는 곳이라 오히려 그 의미를 따로 생각해본 적이 없다. 그래서 작년 여행은 좋아하는 시, 좋아하는 음악과 함께 했지만, 이번에는 내가 직접 그곳에서 시가 되고 음악이 되고 싶어졌다. 카메라 앞에서 이래저래 솔직한 표정으로 마음을 읊어보고, 발걸음도 가볍게 거리를 뛰어다니며 리듬도 타 보고…. 그렇게 '슬쩍, 몰래 갖다 놓은 느낌'을 책에 담고 싶었다.

　왜 슬쩍, 왜 몰래? 여행이라고 멋지게 감동스럽게, 즐겁게 해야 한다고만 생각하면 그 순간, 부담스러운 일이 된다. 대차게 시작했다가 '너무 죄송합니다'로 끝나도 어쩔 수 없는, 시작은 했는데 일생 마무리는 못하는, 그래도 어쩔 수 없는, 그런 게 인생이니까. 그냥 자연스럽게 시간과 물이 흐르듯 다니다가 중간중간 마음이 통하는 걸 느끼고, 가끔 기분이 울컥해지기도 했다가, 바람 한 줄기 지나가듯 가슴 한 켠이 서늘해지기도 하면 좋겠다.

　삶이 여러 조각의 천으로 이어진 하나의 큰 조각보라고 하면, 각각의 조각이 작을수록 지루하지 않은 멋과 세심한 배려를 느낄 수 있을 것이다. 그래서 도쿄에 묻었던 나의 이야기를 처음으로 공개하면서 그곳에서 내가 취(趣)한 아주 작은 조각보들을 함께 선보이려 한다. 그것을 통해 나와 당신에게 모두 익숙한 도쿄가 조금이라도 낯설게 다가온다면 좋겠다. 게다가 당신의 조각보에 더할 하나의 작은 조각이라도 발견한다면 더할 나위가 없겠다. 그러길 바라보며 지금부터 고현정과 고고씽!

차 례

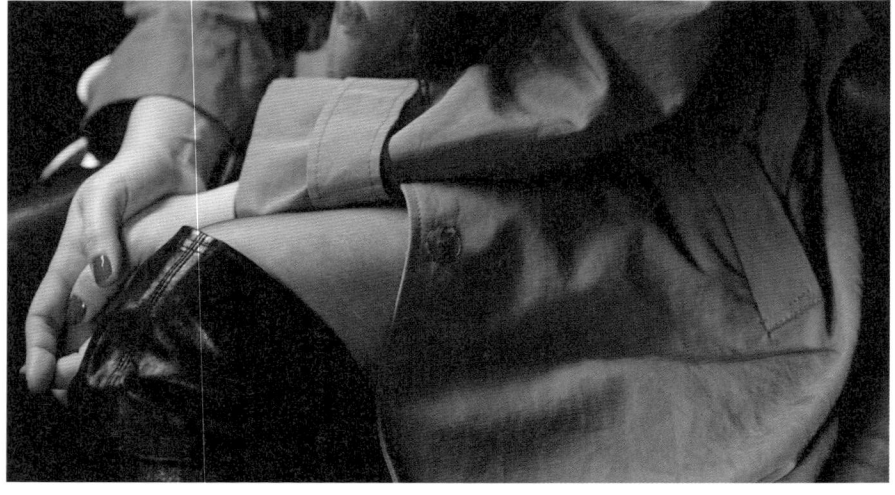

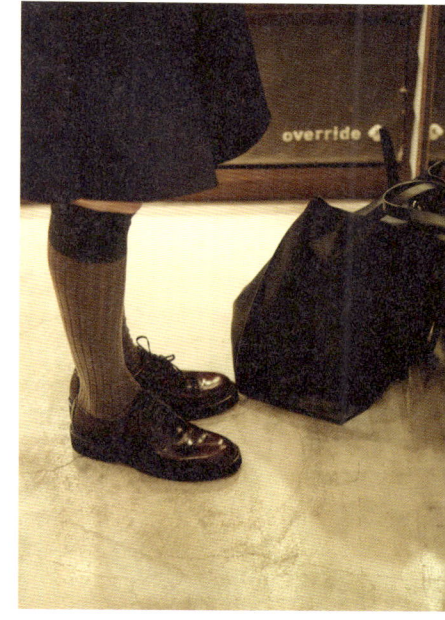

PART 1

니혼바시, 후타코 타마가와
日本橋, 二子玉川

도쿄 여행자로 산
2년 6개월

연예계를 떠나 결혼을 하고 도쿄
니혼바시에서 신혼 생활을 시작했다.
그곳에서 2년 반을 살았다. 결혼과 함께
시작한, 이전과는 또 달랐던 지난 20년의
시간, 그 중 10분의 1이나 차지하는
일본에서의 시간은 내게 결코 짧지 않다.
의미로 보면 2년 반이 아니라 10년 같은
시간이다. 그리고 한 번 지나간 시간은
다시 돌아오지 않는다. 그래서 무섭다.
실수는 지울 수가 없다. 다시, 아무것도
없이, 0부터 시작하는 게 '페어(fair)'하다.
그래서 나는 여행자가 되어 다시 도쿄를
여행하기로 했다.

j'ai compris et chets autources

그곳에서 나는
아주 작아지곤 했다

To k yo
+
begin again
from there

도쿄에 와서야 많은 것을 혼자 해내기 시작했다.
혼자 밥을 먹고, 혼자 물건을 살 수 있게 되었다.

나는 '극'소심, '트리플' A형이다. 강조를 두어 말하는 이유는 순수한 A형의 특징을 다 가지고 있기 때문이고, 그런데도 사람들이 내가 A형이라는 걸 믿지 않기 때문이다. '고현정' 하면 카리스마, 센 언니, 4차원, 고집불통이 떠오른다는데 사실은 수줍고, 소심하고, 속으로 삭히는 게 더 많은 A형이라고 계속 말해봤자 뭐해. "제가 띠는 돼지이고, 별자리는 물고기예요"라는 말만큼이나 부질 없다. 특히 내가 화를 잘 낼 것 같은 이미지라는데, 사실 난 화가 잘 안 난다. 다만, 어느 위치에 서야 할지 파악이 되지 않은 상태에서 급하게 컷 사인이 들어오면 무안해서 일부러 화를 내는 척한다.

그리고 무대든 밥 먹는 자리든 정중앙은 불편하다. 어색해서 자꾸 콧물이 나고 입술을 삐죽거리게 된다. 어디 구석진 곳이나 있어야 마음이 편하지. 데뷔 후에도 방송국 사람들과 어울리는 게 편하지 않아 혼자서 대기실 쓰레기통 비우러 다니러 바빴다. 중학교 2학년 때 이미 170센티미터를 찍은 키라 혼자서 그림자처럼 다녔다거나, 거의 침대에 누워서 지낸 어린 시절 이야기는 이미 앞서 낸 두 권의 책에서 충분히 한 것 같으니 이제 그만 하려다. 사실 친구도 많지 않다. "내 친구예요!" 하고 자신 있게 말할 수 있는 친구는 어릴 때부터 친자매처럼 붙어 자란 '똘래' 정도다.

1995년부터 1997년까지 도쿄라는 낯선 곳, 낯선 상황, 낯선 언어(여고시절까지 의무적으로라도 했던 영어나 불어도 아니고 일본어), 낯선 사람들 사이에서 나의 트리플 A(다시 말해 세 겹의 A·A·A) 병은 극도로 발휘돼 한참의 망설임 끝에 A를 지나고 또 한참 뒤에 A를 지나 다시 A를 지나야 했다. 일본어가 아직 익숙하지 않은 어느 날, 혼자 식당에 자리를 잡고 조용히 물을 달라고 하자 종업원이 "즈메타이 호오가 이이데스까(알고 보니 '시원한 쪽이 좋으세요?'였다)?"라고 묻는데 도무지 알아들을 수가 없었다. '물은 따로 주문해야 한다는 건가?' 이미 마음은 요동치고 쥐구멍이 있으면 숨어버리고 싶은 기분. 용기를 내어 "이이에, 오미즈 구다사이(아뇨, 물 주세요)" 했더니 다시, "하이, 가시코마리마시다(네, 알겠습니다)" 하는 거다. '뭐? 가시코마리? 물에 뭘 넣어주는 건가? 내가 뭘 잘못 말했나? 아, 뭐지?'

어딜 가든 모든 것이 자연스러워서 아무도 내가 뭘 먹었는지, 아니 내가 왔었는지조차 모르면 좋겠는데, 그저 조용히 배고픔이나 달래고 가면 좋겠는데, 정교한 톱니바퀴처럼 덜컹거림이라곤 없이 쓱 굴러갔다 쓱 나오면 좋겠는데, 아무도 나를 신경 쓰지 않고, 아무 것도 묻지 않으면 좋겠는데 일본 사람들은 왜 그렇게 다들 친절해서 매번 체기에 걸리게 하는지…. 처음, 그때는 그랬다.

　그러니 도쿄에서의 2년 6개월은 매일이 여행일 수밖에 없었다. 그나마 다행인 점은 체류 기간이 길어, 혼자서 천천히 다니며 구석진 곳에 있는 나만의 장소를 찾고 의외의 장소에서 맘에 쏙 드는 물건을 발견할 기회가 적지 않았다는 것이다. 그리고 그 시간 동안 도쿄아이트[1]들이 이 미숙한 여행자에게 너무 친절해서, 가끔은 외로운 기분을 잊을 수 있었다는 것이다. 그래서일까. 벌써 20년이 지났지만 내 머릿속에는 도쿄의 구석구석 지도가 뚜렷한 형상으로 남아 있다. 게다가 이번 여행에서 그때 좋아하던 장소들이 여전히 존재하고, 이제는 많은 사람들에게 사랑 받는 곳이 되었다는 것을 알게 됐다.

1 파리 시민을 파리지앵(Parisian), 뉴욕 시민을 뉴욕커(New Yorker), 베를린 시민을 베를리너(Berliner)라고 부르듯 서울 시민을 서울라이트(Seoulite), 도쿄 사람을 도쿄아이트(Tokyoite)라고 부른다.

혼자 밥 먹는 법, 혼자 쇼핑하는 법을 배운 나의 첫 번째 도쿄

아는 사람도, 아는 곳도, 갈 곳도 없기는 했지만, 혼자 밖에서 뭘 한다는 것도 쑥스러워 어지간하면 남는 시간엔 집에 있곤 했다. 그 시절, 내 유일한 외출 장소는 니혼바시[2]에 있는 미쓰코시(三越) 백화점이었다. 그것도 1년이 지나서야 비로서 혼자(누군가를 대동하지 않고) 물건을 천천히 구경하고, 값을 치를 수 있었던 것 같다. 그러다가 배가 고프면 지하에서 겨우 빵을 하나 사서 먹었다. 이때의 기억은 꽤 오랫동안 나를 지배해서 컴백 후에도 한동안은 미쓰코시 백화점에 자주 갔다. 자수가 놓인 손수건도 보고, 속옷도 구경했다. 리넨 잠옷이나 양말도 주요 쇼핑 목록이었다.

요즘은 도쿄에 가면 한국에 없는 물건을 구입하고 싶은 마음에 재미있는 가게들이 많이 입점해 있는 몰(mall)에 간다. 최근 일본에 새로 생기는 몰에는 장인들의 브랜드 숍, 디자인 잡화와 예쁜 생활용품을 파는 가게가 많아 보는 재미, 고르는 재미, 이야기를 찾는 재미가 쏠쏠하다. 그중에서도 최근 오픈한 라이즈(rise)는 역에서 공원으로, 도시에서 자연으로 이어져 색다른 재미를 준다. '여행'을 콘셉트로 한 만큼 걷기 편하고 구경하고 싶은 건물이다. 드럭스토어 구경도 좋아한다. 우선 치약이나 칫솔을 사고, 눈썹칼과 포켓 사이즈 물티슈를 구입한다. 효과 좋다는 감기약이나 소화제도 사야 한다. 탈 나기 쉬운 촬영 현장에서 아주 요긴하다.

도쿄는 내가 쇼핑의 아기자기한 즐거움을 누릴 수 있는 도시 중 가장 서울과 가깝다. 한국에서는 쇼핑을 편하게 할 입장이 못 되기 때문에 자주 하지 않는다. 아주 가끔 여러 브랜드 물건을 셀렉트해 모아둔 편집숍에 가거나 사무실에 나올 때 겸사해서 백화점에 들르고, 더 가끔 바람도 쐴 겸 똘래와 집 근처 서래마을을 한 바퀴 돌면서 보세 가게에 들어가보는 정도다. 그럴 때 주로 보는 품목은 안경(선글라스), 차 마시는 걸 좋아하니까 주전자나 티팟 세트, 그 밖에 펜이나 카드, 엽서 등이다. 의외로 옷이나 화장품 종류는 직접 구입하지 않는다. 평소 잡지를 보면서 점 찍어두었다가 매니저에게 부탁한다. 그리고 보니 도쿄에서 혼자 해본 일 중 가장 어색했던 것은 관람차 타기였다. 얼마나 심심한지, 그렇게 비참한 게 또 없다. 중간에 뛰어내릴 수도, "이제 그만!" 하고 소리칠 수도 없다. 일단 박스 안에 갇히고 나면 싫든 좋든 문을 열어줄 때까지 꼼짝 않고 기다려야 한다. 무섭긴 또 얼마나 무서운지… 누가 관람차, 안 무섭다 그랬어!

'머스트해브 프로젝트'를 시작해볼까

이번 여행을 시작하기 전 '나만의 머스트해브(must-have) 아이템 네 가지를 정한 후 앞으로 갈 모든 여행지에서 그것들을 사보면 어떨까' 하는 생각을 했다. 차곡차곡 모아두었다가 어느 날 전부 펼쳐놓으면 재미있는 풍경이 벌어지지 않을까? 나라마다, 도시마다 얼마나 같고 또 얼마나 다를까? 생각 끝에 골라둔 '고현정의 머스트해브 아이템'은 통조림(장기간 보관이 가능하니까), 안경(혹은 선글라스), 편지지(혹은 엽서), 치약이었다. 아쉽게도 이번 여행에서 치약은 구하지 못했다.

여행지에서 계획에 없던 책, 카드, 엽서를 사는 재미는 제법 쏠쏠하다. 책은 나를 위해, 카드나 엽서는 가족과 지인들의 기념일에 사용할 요량으로(그런 날엔 꼭 편지를 쓰는 편이다) 보일 때마다 구입해 쟁여놓는다. 편지는 쓰는 것 못지않게 받는 것도 좋아한다. 그런데 주는 사람이 별로 없다. 어쩌다 받는 편지도 인사치레와 미사여구가 80퍼센트, 진심이 두 줄 이상 묻어나는 경우는 별로 없다.

이런 나인데, 지인들은 괜한 고민을 한다. 고현정에게 뭘 선물할지 도무지 모르겠단다. 선물로 받는 것 중 제일 난감한 품목은 옷이나 액세서리(특히 고가일수록)다. 나름대로는 내 체형과 취향, 트렌드까지 고려해가며 골랐을 텐데, 그 선물을 내가 자주 착용하는 경우는 드물다. 하긴, 본디 '취향 저격'이란 과녁의 가장 좁은 부분을 맞추는 것만큼 어려운 일이다. 차라리 물티슈나 세제를 주면 더 반갑고 고마울 텐데… 만약 '초파리 세제'를 선물하는 사람이 있다면 나는 두고두고 그 사람을 기억할 것이다.

드라마 〈선덕여왕〉 촬영 때 가체 분장을 해주던 스태프와 정이 많이 들었는데, 종영을 앞두고 그 분이 바구니 하나를 내밀었다. 안에는 생활용품이 가득 들어 있었다. 정말 감동 받았다. 평소에 내가 물티슈로 늘 뭔가를 닦는 모습을 유심히 보고, 청소와 빨래를 열심히 한다는 이야기를 흘려 듣지 않았다는 거니까. 무엇보다 내가 이런 선물을 더 좋아할 사람이라고 생각해준 거니까.

2 니혼바시는 도쿄도 주오구 북부의 니혼바시 강을 가로지는 다리 이름이다. 또한 옛 니혼바시 지역의 상업지구를 가리키는 지명이기도 하다. 일본은행 본점과 도쿄 증권거래소 등이 위치한 일본의 대표적 금융가로, 긴자에 인접한 니혼바시 일대에는 미쓰코시 백화점 등 대형 백화점과 오래된 점포가 많다.

4대 머스트해브 아이템 중 이번에 꼭 구하고 싶은 물건은 돋보기 안경테였다. 도쿄에서의 신혼 시절, 거리를 다니다가 안경이 보이면 멈춰 서서 구경을 하곤 했다. 그때 '나이가 들어서 똘래(눈이 굉장히 나쁘다)와 내가 돋보기를 시작한다면 이걸로 해야지' 하고 생각한 안경테가 있었다. 그렇게 머릿속에만 넣어두고 구입을 안 했더니 두고두고 그 안경테가 눈에 밟혔다. 나는 눈이 나쁜 편이 아닌데 한 살 어린 똘래는 돋보기를 써야 할 시기가 빨리 왔다. 벌써부터 스마트폰을 멀찍이 두고 본다. 워낙 안경을 좋아하는 데다 똘래와 부모님의 돋보기 때문에 관심이 더 높아졌다. 눈이 나쁘면 고굴절 렌즈를 써야 하는데, 그러면 사람이 못 생겨 보인다. 그래서 돋보기는 다소 크게 써야 한다. 문제는 알이 커지면 초점이 안 맞아 쉬 어지럽다는 건데, 알 크기가 적당하면서 사람이 못 생겨 보이지 않는 안경테가 없을까? 그런 디자인의 안경테를 찾아다닌 지가 벌써 꽤 됐다. 그런데 이번 도쿄 여행 첫날에 그 조건을 전부 갖춘 안경테를 만나버렸다. 대. 박. 이번 여행 내내 행운이 따를 게 분명하다! 귀한 인연을 다 만날 것 같은 기운이다.

그리고 내가 사랑하는 귀여운 스누피[3]. 어느덧 65세, 환갑을 훌쩍 넘기셨다. 올해 왜 이렇게 곳곳에서 스누피가 보이나 했더니 연말에 3D 애니메이션이 개봉한단다. 할배가 나보다 낫다. 개 집 지붕 위에 올라 타자기로 글을 쓰는 스누피는 웬만한 철학자 뺨치게 지적이지만 행동에는 빈틈이 참 많다. 반짝 창작욕이 타오르나 싶으면 어느 틈에 지붕 위에 누워 있거나 바닥에 엎드려 푹 퍼져버린다. 물그릇에 머리를 처박고 있을 때도 많다. 어릴 때부터 이런 스누피를 보는 것만으로도 마음이 평온해졌다. 나는 이 단순한 강아지가 너무 귀엽다. 모습도, 하는 행동도, 무엇보다 찰리 브라운과 스누피가 서로를 꼭 껴안을 때면 그 모습이 너무 부러웠다. 그래서 스누피 숍이 보이면 꼭 가는 편이다.

---

[3] 1950년 10월부터 원작자 찰스 먼로 슐츠가 세상을 떠난 다음날인 2000년 2월까지 신문을 통해 연재된 개그 만화 《피너츠(Peanuts)》 속의 캐릭터. 이 만화는 찰리 브라운과 애완견 스누피를 중심으로 한 캐릭터들이 귀여운 겉모습과 달리 다소 철학적인 인생관을 전한다.

金子眼鏡店

까만향이 묻어나는 가네코 간쿄
안경점의 나무 간판. 여행 첫날,
전부터 갖고 싶던 안경테를 이곳에서
발견! 라이즈 타운프론트 3층에 있다.

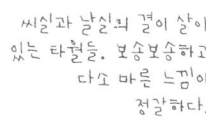

씨실과 날실의 결이 살아
있는 타월들. 보송보송하고
다소 마른 느낌이
정갈하다.

伊勒
屋

언젠가 다른 곳에서는
그림책과 잡지를 사게 된다.
생활가전과 책을 함께 파는
묘한 서점 쓰타야에서
또 책에 빠져들었다.

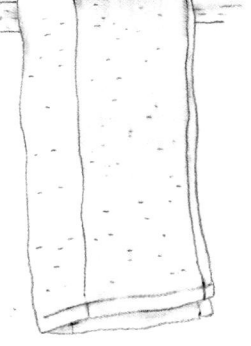

라이즈 몰에서 스누피를
만났다. 저 눈웃음과 아빠
미소. 보기만 해도 마음이
평온해진다. 선물까지
들고 있다. 올 연말에는
스누피와 함께 메리
크리스마스 해야지.

요즘엔 도쿄에 가면 한국에 없는 물건을 잔뜩 구경하고 싶은
마음에 몰(mall)에 간다. 스누피, 안경, 엽서, 책, 편지지….
그곳에서 사야 할 물건과 사고 싶은 물건 사이를 마음껏 산책한다.

고현정의
곁에서,
관찰일지

하나

고현정은 한 마리 검은 고양이

'사르'는 내가 얼마만큼의 거리를 두고 싶어하는지 늘 정확히 알고 있었다. 내가 책을 읽을 때는 무릎 위에 올라와 앉았지만, 글을 쓰고 있으면 절대로 올라오지 않았다. (중략) 그저 곁에 있어주는 것이다. 우리는 말없이 친밀함의 운무 속에 싸여 있었다.

―올더스 헉슬리(Aldous Huxley, 1894~1963, 시인이자 비평가), 〈고양이 안의 설교〉 중에서

어느 날 긁힌 듯 올이 나가 있는 고배우의 스타킹을 보고 생각했다. '그녀는 정말 고양이가 아닐까? 발톱을 움직이다가 실수로 스타킹을 긁은 게 아닐까?' 그녀 곁에서 며칠 머물면 누구라도 그런 의문을 품게 된다. 가까운 사람조차 발소리를 들어보지 못했을 만큼 그녀의 관절은 조심스러우며 부드럽게 움직이고(그래서 가끔 인기척도 없이 내 뒤에 와 서 있는 걸 발견하곤 까무라칠 듯 놀란다), 어떤 공간에 들어서면서 "안녕하세요?" 하고 큰소리 내어 인사하는 법이 없으며, 낯 모르는 공간에서도 두리번거리지 않는다. 대신 조용히 몸을 굽히고 들어가 가볍게 목례를 하고 한동안 구석

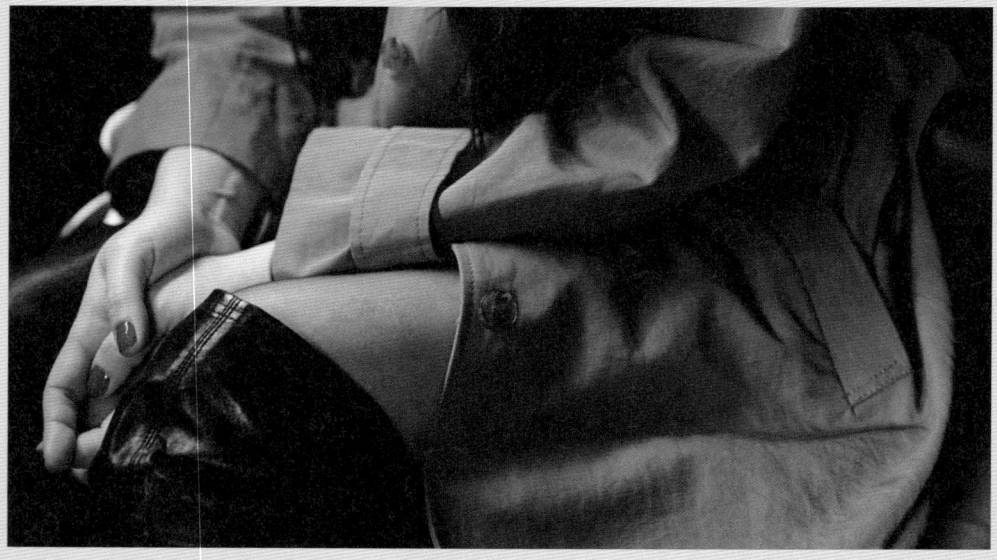

자리에 앉아 있다. 그러곤 찬찬히 둘러보며 공간의 공기와 냄새, 그 안에 담긴 사람들을 살핀다. 그럴 때마다 느낀다. 그녀에게도 빈 곳이 있구나, 구석이 있구나, 그래서 저렇게 조용히 살피는 거구나. 고양이가 여섯 번째 감, 육감이 발달했다고 했던가? 아니면 사람이 볼 수 없는 것까지 본다고 했던가? 분명 같은 시간, 같은 곳에 있었음에도 그녀는 언제나 나보다 훨씬 많은 것을 보고 듣고 맡고 오래 기억한다.

사람 많은 곳에서 중심에 서는 것도 달가워하지 않는다. 구석진 자리를 파고 들어가, 편한 의자가 있어도 한 쪽 바닥에 쪼그려 앉는다. 그럴 땐 꼭 어둠 속 한 마리의 까만 고양이 같다. 그래서 사람들이 고배우를 보고 '까만색', '밤'이라는 단어를 떠올리는지도. 난 그런 그녀를 보면서 일본어 단어 '히소카(ひそか)'를 떠올렸다. '가만히, 몰래 하다'라는 뜻이다. 그러나 이 모두가 상황을 주도면밀하게 살피기 위한 것이 아님을 이제 알겠다. 예의와 침착함을 잃지 않도록, 그리고 다른 식으로 자신을 보호하기 위해서라는 걸 어렴풋이 알겠다.

무엇보다 별명이 '호기심 천국'인 고배우는 그 사냥 본능이 고양이와 꼭 닮았다. 한 번 관심 레이더에 포착된 먹잇감(인물이나 사건)은 집요하게 파헤친다. 하늘을 나는 고양이를 본 적 있는가? 공중에 매달린 장난감을 향해 점핑하는 진지함과 민첩성, 그리고 대담함! 이에 대해 고배우의 절친 똘래언니는 "아휴, 그 얘기하지도 마세요. 호기심이 왕성하다 못해 '뭔가 더 있겠지, 더 있겠지' 하며 본인이 만족할 때까지 스스로 움직이면서 호기심을 채우니까. 그래서 제가 매번 말해요. '언니, 우리 이제 그냥 편하게 살자' 하고요."

고배우는 작년에 출간된 〈고양이에 대한 잘못된 상식 100가지〉(레티시아 바를랭, 여백미디어)라는 책에 추천사를 쓰기도 했다. 당시 그녀는 "고양이를 사랑한다면서도 그동안 내 자신이 고양이에 대해 얼마나 무지했던가를 절실히 깨달았다. 그리고 내 곁을 지켜주는 핀지를 더 행복하고 건강하게 키워가기 위해서라도 이 책이 꼭 필요하다"라고 고백했다. 그녀는 핀지와 베이라는 두 마리 고양이를 키우는 집사였

다. 여행 둘째 날 고배우가 들려준 이야기가 기억난다. "사람이든 동물
이든 상대가 떠날 것을 직감할 때가 있는데, 베이가 떠날 때쯤 베이에
게 '미안하다'는 말을 몇 번이고 했다"라고. 그 마음을 아는지 베이도
가만히 그녀를 응시하곤 했다는 것이다.

고배우는 고양이를 사랑하는 마음과 고양이를 아는 것은 다르다고
믿는다. 마찬가지로 사람을 좋아하는 것과 그 사람을 아는 것도 다르
다. 또 마찬가지로 고현정에게 호감을 가지는 것과 고현정을 아는 것
도 다르다. "저만의 스트레스 해소법을 발견했어요. '은근한 복수'라고
할까?" 어느 날인가의 그녀의 고백도 고양이를 닮았다. 주인에게 혼났
다고 주인의 책상에서 압정을 물어다 신발 속에 넣어놓았다는 고양이
이야기가 생각난다. 은근한 복수? 나만의 복수? 어, 그거 괜찮다. 은
근한 나만의 복수. 오늘 또 하나 배워간다.

P. S. 앞으로 네 번에 걸쳐 등장할 이 관찰일지는 고배우와 함께
두 번의 여행을 하면서 그녀를 가장 가까이에서, 또는 그녀의
가장자리에서 관찰한 옥양의 기록이다. 이 관찰일지가 책을 읽는
분들에게 여행의 현장을 보다 생생하게 전하고, 책을 덮을 즈음에는
고배우를 좀 더 가까이 느끼게 할 것이라 믿는다. 관찰일지 외에도
고배우의 기록 중간중간 옥양의 생각과 기록이 다른 글씨체가 되어
불쑥 튀어나올 것이다. 불편하시겠지만, 헷갈리시겠지만 여행의
작은 재미쯤으로 여겨주시면 좋겠다.

PART 2

기요스미 시라카와
清澄白河

처음 '나 혼자 시작'이었던 시간들

1995년 도쿄에서 신혼 생활을 시작했다.
열아홉 살, 고등학교 3학년 때 데뷔한 이래
처음으로 평범한 날들이 시작된 것이다.
어른이 된다는 것도, 부모로부터 독립한다는
것도 어떤 의미인지 모르는 채 모든 것을
처음으로 나 혼자 시작해야 하는 시간이
닥쳤다. 그래서일까. 뉴욕에서도 제법 오래
살았는데 '서울이 아닌 다른 곳'을 떠올릴
때마다 항상 도쿄가 처음이고 시작이다.

I Still Haven't found
What I'm Looking for

자전거를 타기까지도
꽤 시간이 걸렸다

My First
+
with or
without you
이상한 일이다. 뉴욕에서도 꽤 오래 살았는데,
내겐 항상 도쿄가 처음이고 시작이다.

그러고 보면 이상하다. 도쿄에서는 주로 혼자였지만 뉴욕에서는 좋은 친구들을 많이 사귀었는데, 왜 뉴욕이 일순위가 아닐까. 굳이 비교를 하자면 뉴욕은 친구들 외에는 다가가기 어려운 건조한 느낌, 그런데 도쿄는 혼자 지나가다가도 그냥 "곤니치와(안녕하세요)" 하고 인사하면 사람들이 다정하게 웃어주었던 것 같다. 일본에 산 2년 반 중 처음 1년 동안은 밖에 제대로 나가지도 못했다. 겨우 다닐 만해지니까 한국에 돌아온 것 같다. 그래서 자전거를 타기까지도 꽤 시간이 걸렸다. 어릴 때 타는 법을 배우긴 했지만 몸이 약해서 거의 타지 않다가, 어른이 되어서는 드라마 촬영할 때 잠깐 탄 게 전부다.

그런데 어쩐 일인지 도쿄에서 처음인 무언가에 제대로 도전하려면 자전거로 하자는 생각이 들었다. 당시 남편에게 당장 근처에 타고 다닐 자전거 하나를 사달랬더니 안장은 무지막지 높고, 핸들바는 손목이 아래로 꺾일 정도로 낮은 최신상 전문가용 자전거를 사다 주었다. 그래도 마음 먹고 한동안 잘 타고 다녔다. 그러다 자전거 사고가 한 번 나고, 오모테산도(表参道)에서 교통사고가 난 다음에는 자전거를 끊었다. 그 뒤로 많은 일을 겪으면서 자연스럽게 자전거를 타지 않게 됐다. 그러다 드라마 〈봄날〉 마지막 회 촬영 때 인성이와 행복한 한때를 보내는 장면을 위해 자전거를 다시 타게 됐다. 이번에도 안장이 높고 바퀴가 큰 자전거였다. 당시만 해도 촬영 현장에 친한 사람이 없어서 무섭다고 말도 못하고 일단 타기 시작했다. 멈추는 게 너무 무서워서 능숙능란한 척, 계속 앞으로만 나갔다. 넘어지지 않고 갈 수 있다는 것을 확인하자 무작정 페달을 밟았다. 그러다 문득 자전거 타는 법이 생각나서 브레이크를 잡아 무사히 멈췄다. 그러니까 내가 유일하게 자전거를 즐기며 탔던 때는 20여 년 전 이 도쿄에서다.

자전거를 탄 풍경, 도쿄의 골목들

그때 자전거를 타며 U2[4] 노래를 많이 들었다. U2 앨범 중 최고의 명반으로 꼽히는 〈조수아 트리〉에 수록된 곡들에 그야말로 '빠져' 지내던 시절이었다. 'With Or Without You'부터 'Where The Streets Have No Name', 'I Still Haven't Found What I'm Looking For'까지…. 어라, 붙여서 읽으니까 한 문장 같은데? 아무튼 with or without, 함께이거나 아니거나 난 혼자인 시간이 많았다.

도쿄의 어느 골목을 지날 때, U2의 'With Or Without You'를 한 번 들어보시길. 어느 길목 모퉁이에서 혼자 낑낑대며 자전거를 타는 고현정이 불쑥 나타날지도 모르니.

---

4 U2는 아일랜드 더블린 출신의 록밴드로 멤버는 보노, 디 에지, 애덤 클레이턴, 래리 멀린 주니어이다. 지금까지 12장의 정규 앨범을 발표했고, 22번이라는, 그 어떤 밴드보다 많은 그래미 수상 기록을 세웠다. 2005년 로큰롤 명예의 전당에 입성했으며, 〈롤링 스톤〉지가 선정한 '역사상 가장 위대한 아티스트 100인' 순위 중 22위에 올랐다.

"야, 어디가? 네가 언제 또 나를 본다고!"

の境界線

코시라엘__ 풍경을 담은 양산 가게

하나의 마음이 하나의 양산이 되어 당신을 감싼다.

액자 속이 아닌 태양 아래서 마음껏 펼칠 수 있는 한 장의 그림.

햇살과 더 친해질 수 있는 하나의 양산. 하나의 상상이 한 장의 스카프가 되어 당신을 감싼다.

접기도 하고 묶기도 하는 다양한 표정의 한 장의 그림.

─코시라엘 디자이너 히가시 치카의 기록 중에서

이 작은 골목 안 세 평 남짓한 숍에는 디자이너가 손으로 그린 풍경이 넘실댄다. 코시라엘(Coci la elle)의 오너 히가시 치카(ひがし ちか) 씨는 그림을 액자 속이 아닌 태양 아래 펼쳐 보이고 싶어서 양산과 비옷, 스카프 등에 그림을 그린다. 햇살 좋은 날 코시라엘의 양산을 들고 골목으로 나가면 풍경 안에서 풍경을 펼치는 셈이 된다. 그래서였나. 가게 안은 아침에 들어온 햇살이 여전히 머물고 있는 느낌이었다. 브랜드 이름은 만드는 사람의 마음을 느낄 수 있는 일본 특유의 표현 '코시라에루(こしらえる, 무언가를 만든다는 뜻)'에서 따왔다고 한다. 스카프를 두르고 있는 모델의 이미지가 담긴 브로슈어를 집어 드니 "스카프 두르는 방법도 디자이너가 마음 가는 대로 고안한 거예요. 머리를 뒤로 살짝 묶으면 매기가 좋을 텐데… 제가 매드려도 될까요?" 하고 앳된 얼굴의 점원이 상냥하게 말을 건넨다. 둘러보니 따로 의자는 없고, 거울은 낮고, 스카프를 매주겠다고 자청한 분도 키가 작다. 이런 공간에서는 내 큰 키가 참 민폐. 그래서 "그러시라" 하고는 바닥에 털썩 주저앉았다. 얼굴은 더 커 보일 테지만 목덜미가 드러나서인지 마음까지 시원해진다.

스카프 매기가 끝나길 기다리는 동안 벽에 걸린 양산과 스카프를 감상했다. 양배추를 찍어 만든 문양, 털 뭉치로 팽이버섯을 표현한 것… 어느 하나 지루한 그림이 없다. 디자이너의 딸이 어릴 때 그린 그림을 그대로 옮겨놓은 스카프도 눈에 띈다. 그러다 두툼한 비치 파라솔처럼 생긴 캔버스 소재 양산이 눈에 띄었다. 내겐 꼭 필요한 물건이다. 자외선이 쏟아지는 촬영장에서 알차게 사용해야겠다. 한동안은 촬영장에 나가면 배우들에게 골프 우산을 주더니 요즘은 따로 큰 우산을 주문해주던데, 이제부터는 이 예쁜 파라솔이 내 양산이 되어줄 것이다.

카운터에 서자 일기 쓰는 걸 좋아하는 내 눈에 일기 같은 책 한 권이 눈에 띄었다. 2012년 이곳의 주인인 히가시 씨가 두 명의 친구와 '밈(Meme)'이라는 그룹을 결성해 라트비아공화국의 수도 리가를 여행하면서 각자의 흰색 드레스에 그림 일기를 썼다. 그렇게 탄생한 다이어리 드레스를 주제로 한 권의 책을 만들었다고 한다. 멋지다! 이 책도 오늘 나와 함께 귀가하는 걸로.

요간레일과 바바그리__ 그곳에 삶을 방해하지 않는 테이프 커터가 있다

풍경이 넘치던 공간에서 음악 소리 하나 들리지 않는 고요한 공간으로 이동했다. 광활하고도 포근한, 묘한 느낌이다. 조심스러울 필요는 없지만 물건 하나하나에 집중하고, 물건의 모양과 소재를 관찰하고, 그 물건을 만들기까지 있었던 이야기에 귀기울이기에 충분한 정적이 흐르고 있었다.

'바바그리'는 인도에서 채취되는 마노[5]의 일종으로, 돌을 좋아하는 디자이너 요간 레일 씨가 인도에 여행을 갔다가 그 아름다움에 반해 이렇게 말했다고 한다. "나는 디자인을 하고 있지만 아무리 디자인을 해도 자연 곳곳에 존재하는 완벽한 아름다움에는 달하지 못한다." 요간 레일 씨의 자연에 대한 존경심은 그대로 자신의 두 번째 브랜드 네임이 되었다. 그는 유럽에서 그래픽·텍스타일 디자이너로 활동하다가 여행에서 받은 자극 때문에 일본으로 돌아왔다. 여행 도중 일본의 기모노, 한국의 보자기 등 전통적인 수작업과 천이 가지는 무한한 가능성에 푹 빠졌고 당시 텍스타일 디자인 개념이 자리 잡혀 있지 않던 일본에 회사를 차린 것이다. 그러면서 자신의 이름을 딴 브랜드 '요간레일'을 오픈했다. 그는 일본 내 백화점에만 30군데 정도 매장을 낼 정도로 브랜드를 확장했다가 2006년 천연 소재 브랜드를 론칭했는데, 그것이 바바그리이다.

바바그리에서 취급하는 아이템은 천연 소재와 천연 염료만으로 지은 옷을 중심으로 스카프, 가방, 모자 등의 잡화와 사원 식당에서 쓰기 위해 만든 식기·테이블웨어, 일본의 유명한 남부철기로 만든 주방용품, 인도네시아산 원목으로 만든 가구, 샴푸와 비누 등의 오가닉 화장품(오가닉 인증은 일부러 따지 않았다. 가격만 올라갈 뿐이기 때문이다) 등 생활 전반에 걸쳐 있다. 오키나와의 요간 레일 농장에서 무농약, 유기농으로 재배한 차도 판매한다. 요간 레일 씨가 생활하면서 꼭 필요하다고 느끼는 물건들을 하나씩 만들다 보니 물건의 종류가 다양해진 것이다.

그래서 물건마다 이야기가 넘친다. 수박이나 무, 망고, 호박 등의 과일과 채소 모양 테이블웨어를 만든 이유는 그가 채식주의자이기 때문이고, 남부철기에 특별 요청해 만든 테이프 커터를 만든 이유는 그가 컴퓨터를 사용하지 않기 때문이다. 디자인을 할 때 일일이 손으로 문양이나 천을 붙이면 엄청나게 여러 번 테이프를 잘라야 하고, 그 횟수를 견뎌내려면 아주 튼튼한 테이프 커터가 필요했다. 이 커터는 무게감이 있어서 테이프를 끊기에 편하고 고장나지 않으니 대를 이어 물려줄 수 있고, 무엇보다 철은 지구를 오염시키는 물질이 아니다.

---

5 수정류와 같은 석영 광물로 화산암의 빈 구멍 내에서 석영, 단백석, 옥수 등이 차례로 침전하면서 생성된다. 보통 불규칙한 구 모양에 평행한 줄무늬가 발달한다. 원석의 모양이 말의 뇌수를 닮았다고 하여 '마노'라는 이름이 붙었다.

오키나와에서 살면서 요간 레일 씨의 생활은 점점 심플해져 필요한 물건과 덜 필요한 물건, 삶을 방해하지 않는 물건과 삶을 무겁게 하는 물건을 분명하게 가를 수 있었다고 한다. 테이프 커터로 다시 돌아가 보자. 한참 일에 열중하는 도중 테이프 커터가 고장 나면 일의 흐름이 끊기고, 쓰던 걸 버려야 하니까 지구의 삶에도 방해가 된다. 그러므로 '삶을 방해하지 않는 테이프 커터'가 필요하다. 그렇게 자신의 필요에 의해 만들었다가 매장에서 팔게 된 경우가 허다하다.

2000년 요간 레일 씨는 먹을 것을 직접 농사 짓기 위해 오키나와의 이시가키 섬으로 이주했다. 그리고 한 달의 3분의 1은 그곳에서 보내는 삶이 시작되었다. 오키나와의 아름다운 자연 이면에서 그가 목격한 것은 해변을 메우는 쓰레기. 한 쪽에서 한없이 아름답게 펼쳐진 바다를 촬영하고, 바로 돌아서서 쓰레기가 널부러진 모습을 촬영하면서 '아름다운 바다가 오염되고 있다'는 메시지를 전하기 시작했다. 그는 자신이 정말 할 수 있는 일은 당장 쓰레기를 줍는 것이라고 생각했고, 다음날부터 직접 오키나와 해변과 숲 곳곳에서 쓰레기를 주워 모으기 시작했다. 그가 일부 사람에게 '쓰레기 줍는 사람'으로 알려진 이유이기도 하다.

그 과정에서 모인 쓰레기로 만들 수 있는 것이 없을까 고민하던 요간 레일 씨의 열정은 드디어 2015년 가을, 도쿄 현대미술관에서 쓰레기로 만든 작품을 전시하면서 빛을 발했다. 쓰레기로 만든 135점의 환상적인 조명(그는 조명 재료가 부족해서 다시 쓰레기를 주우러 가다가 교통사고를 당했다)과 바다에 버려진 비치샌들 더미, 폐 종이박스로 지은 집에 사람들은 박수를 보냈다. 비치샌들로 만들고 싶은 작품이 있었던 것 같지만 그가 갑작스레 세상을 떠나면서 미완성 작품이 되었다.

생의 끝자락에 그가 남긴 말은 "난 플라스틱의 노예였다"라고 한다. 물건이 너무 많아서 쉽게 쓰고 쉽게 버리고 쉽게 사는 시대, 그가 만들고 싶은 것은 살 때 비싸더라도 편리하고 부서지지 않으며, 미적으로도 아름다워 평생 쓸 수 있고, 쓰던 사람이 죽은 뒤 다른 누군가가 이어서 쓸 때 조금도 어색하지 않은 물건이었다.

요간 레일 씨가 떠난 지금, 바바그리는 10년 차 브랜드로서 아이템은 충분하다고 판단, 옷의 종류와 소재는 늘어나겠지만 그 외에는 품목을 늘리지 않기로 했다. 대신 어떻게 물건의 질을 높일 것인가에 집중하겠다고 한다. 얼마 전 화장품 브랜드를 론칭하면서 제품의 종류를 늘리기보다 꼭 필요한 몇 가지를 전문화 하겠다고 결정했는데, 바바그리의 계획을 들으니 내 생각이 맞구나 싶다.

"요간 레일 씨는 한동안 '에코', '로하스'라는 주제로 인터뷰 요청을 많이 받았어요. 그렇지만 일체 거절하곤 했어요. 우선 자신의 라이프스타일을 반짝 유행하는 단어에 끼워 맞춰서 설명 당하는 걸 굉장히 싫어했어요. 에코나 로하스를 주장하기 위해 이런 삶을 사는 게 아니라 살아가면서 편안하고 자연과 사람이 함께 건강할 수 있는 방식을 추구하고 있는 것뿐이며, 자신의 생각은 물건을 통해서 이미 다 보여주고 있기 때문에 굳이 나설 필요가 없다고 생각했죠. 그러지 않아도 자신과 같은 생각을 하는 사람들이 자연스럽게 이 물건들을 중심으로 모일 거라고 믿었고요."

요간레일의 홍보 담당자 다케 씨는 요간 레일 씨를 대신해 그가 어떤 사람인지 설명했다. 맞다. 나도 그래서 '에코'라는 말을 좋아하지 않는다. 착한 척하는 것도 싫다. '라이프'의 방식은 내 안에서 나온다. 그때그때의 필요에 따라 사고, 의미 있게 사용하면 되는 것이다. 그것을 최대한 세련되게 추구해나갈 때 '스타일'이 된다고 생각한다. 에코백을 든다고 내 라이프에 스타일이 생기는 것도 아니고, 남들 다 하는 요가를 한다고 세련돼 보이지도 않는다.

남자 옷이 있다고 해서 간 코너에서 괜찮은 신발을 발견했다. 발이 커서 원래 남자 신발을 잘 보는데 이 신발은 사이즈가 280밀리미터부터 있다고 한다. 덜그럭거리지만 일단 신어본다. 여행을 계속하려면 이 시점부터는 무조건 발이 편해야 돼.

1

2

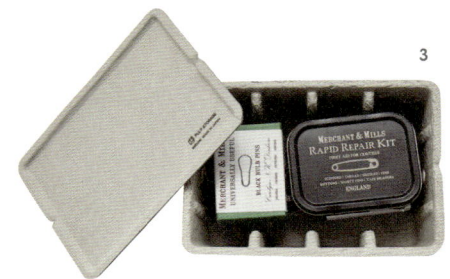

3

4

K's
Shopping Bag

'격'을 갖춘
유쾌한 물건들

동일한 품목을 정해놓고 여행할 때마다
구입한 다음 나중에 한자리에 펼치면
꽤 재미있을 것 같다. 그러려면 오래
보관할 수 있는 통조림, 독특한
안경(선글라스), 여행지 분위기가
묻어나는 편지지나 엽서가 좋겠지?
평범할수록, 일상에서 자주 쓰는
물건일수록 기본기가 좋아야 한다.
그런 물건을 발견하는 건
여행의 즐거움이기도 하다.

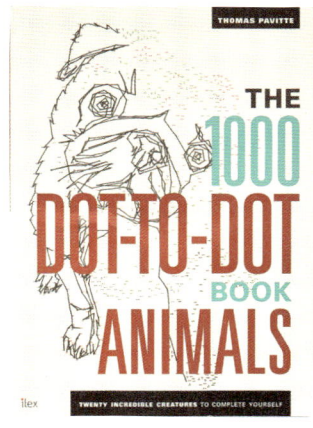

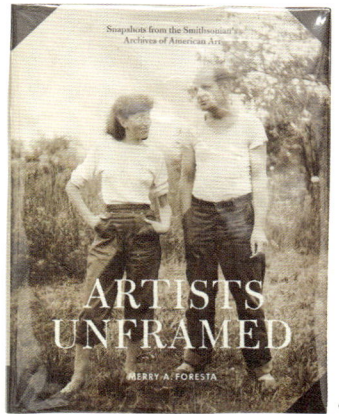

5

6

7

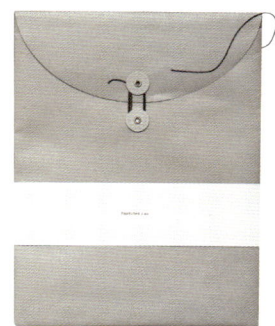

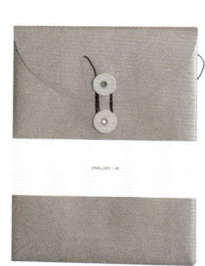

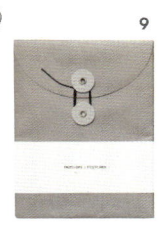

8

9

10

11

12

13

14

1 가네코 간쿄의 선글라스 2 고등어와 카레 파우더 통조림 3 예쁜 박스에 담긴 핀과 클립 종류들 4 박스앤니들의 알파벳 태그 A부터 Z까지
5 에디트 라이프에서 구입한 책 6 요즘 푹 빠져 있는 책 종류는 사진집이다 7 스누피 그림책들 8 블루밍마카니시 면 100% 레이스 손수건
9 여행지에서 산 건 아니지만 여행지에서 만나면 반가운 봉투 종류들 10 도쿄에 오면 꼭 구입하는 연고들 11 박스앤니들의 종이로 만든 파우치
12 다목적 응급 물품들이 들어 있는 키트 13 발목 붕대와 손가락 붕대 14 면 소재의 행주들

PART 3

히로오, 아오야마, 진구마에
広尾, 青山, 神宮前

용기 내어 횡단보도를 건넜을 때

자전거를 타다 보니 용기가 생겨서 어느
날부터는 횡단보도를 건너 꽤 걸었다.
그날부터 새로운 세상이 펼쳐졌다. 주로 걷던
거리는 히로오와 에비스. 에비스는 라멘
가게와 미술관이 있어서 갔다 쳐도 히로오는
'그냥' 걸었던 길이다. 그런가 하면 히로오 바로
옆에 있는 하라주쿠는 걸어본 적 없는
것 같다. 오늘, 처음으로 고백해본다.
'나의 히로오(영웅을 뜻하는 영어 단어
히어로hero와 발음이 비슷해서 재미있다.
나를 새로운 세상으로 이끌어주던 나의
히어로처럼)'를 아직도 좋아하고 있다고.

And then a
hero comes along

처음 고백하는
'나의 히로오'

아무 생각 없이 걷다가 갑자기 궁금해져서 "이 동네가 어디죠?" 하고 물어보면 계속 "히로오(広尾)"라는 대답이 돌아왔다. 예쁜 이름도 마음에 들었다. 거기다 공원도 있고, '르 수플레'라는 맛있는 수플레 가게도 있었다(나중에 '헤이덴북스' 주인에게 이곳이 지금도 영업 중이라는 소식을 들었다. 이야기를 들은 당일은 아쉽게도 가게가 쉬는 날이라 가보지 못했다). 르 수플레 바로 옆에 있는 식당에서 혼자 스테이크를 주문했는데 비둘기 고기가 나온 적도 있다.

히로오는 조용하면서 대사관과 관사가 있어 외국인이 많이 살고, 나무가 많아 봄부터 가을까지 내내 녹음이 진다. 무엇보다 격이 있는 어른들의 동네라는 느낌이다. 작은 위스키 바가 몇 곳 있어서 종종 남편과 함께 밤 나들이를 나오기도 했지만, 주로 혼자 다녀서 더욱 기억이 나는 곳이다. 히로오를 향한 나의 마음을 다른 사람에게 이야기한 적은 거의 없다. 그런데 이번 여행에서는 어쩐 일인지 '나의 히로오'가 잘도 세상 밖으로 나왔다. 이번에 들른 히로오 옆 동네 아오야마의 카페 헤이덴북스 오너와 이야기를 나누고 있을 때였다. 히로오가 근처라 잠깐 대화 주제가 되긴 했지만, 그가 내 이야기를 마음에 담아두었을 줄은 몰랐다. 수줍다 못해 무뚝뚝한 그가 자리에서 일어서려던 내게 조용히 다가와 속삭였다.

St ree t

hero lies in you +

히로오는 '영웅'을 뜻하는 단어 'hero'와 발음이 비슷하다. 나를 새로운 세상으로 이끌어주던 나의 히로오.

"우리 집 옥상에서 히로오가 보여요. 집은 여기서 5분 거리에 있고요. 혹시, 함께 가보겠어요?"

저녁 시간의 주택가, 살금살금 조심스런 고양이처럼 맨션의 계단을 올랐다. 옥상 문을 열자 하늘 가득 물든 저녁 노을이 펼쳐졌다. 그리고 니시아자부와 히로오가 저 멀리 보였다. "어머나!" 모두가 같은 말을 외친 그 순간, 그 장소를 우리는 평생 잊을 수 있을까?

"그리고 달, 저 달을 어떡하지? 달이 어디로 넘어가거나 그러는 게 아니라 옆으로 그냥 가고 있어!" 달은 가까워지거나 멀어지거나 둘 중 한 방향으로 움직인다. 그런데 그 날의 달은 우리를 두고 옆으로 걷고 있는 느낌이었다. 그럼 달이 먼저 곁을 준 건가? 물론 요즘엔 달에 가고 싶으면 갈 수 있다, 우주선을 쏘아 올려서. 그렇지만 아무 때나 달의 곁에서 달을 느끼고 싶다면 어떡해야 하나, 섭외라도 해야 하나? 섭외한다고 섭외가 되나? 그런데 그 밤 '나의 히로오'에서 신들의 메신저 헤르메스가 우리를 데리고 달의 곁에 다녀왔다. 끌려갈 필요 없이, 끌어갈 필요 없이, 서로의 중력을 빌리지 않고 잠시 다녀온 것이다. 나는 함께 있던 사람들에게 말했다.

"여기서 바라보는 풍경으로 20년 전의 도쿄와 미래의 지구까지 모두 등장하는 영화를 만들어도 될 것 같아. 정말 많은 이야기를 함축하고 있는 것 같지 않아? 마치 어떤 구 속에 들어갔다 나온 것 같은 느낌이기도 해. 그런데 말할수록 그 구가 작아지는 것 같아. 그래서 그만 말하려고."

나는 그리스로마신화에 나오는 헤르메스(가방이 아니라)와 이오(IO, 강의 신 이나코스의 딸로 헤라의 질투로 암소가 됐다. 매우 아름답다!)가 참 좋다. 우리 소속사 이름이 '아이오케이(IOK)컴퍼니'

인데 실은 그 이름과 관련이 있다. 누군가는 고현정이 얼마나 아무렇지 않은 듯 살고 싶었으면 '난 괜찮아(I'm OK)'의 줄임말로 회사 이름을 지었겠냐고 하지만, 실은 '이오'에 나의 이니셜 K를 붙인 것이다. 이런 이야기, 부끄러워서 정말 안 하는데 나의 히로오가 과감한 고백을 종용한다.

무언가에 빠져들었다가 제대로 나오는 것도 힘든 일이다. 빨려 들어갔다가 사진까지 찍고 다시 자신의 중력으로 돌아오는 데는 많은 에너지가 소진된다. 그러니, 오늘은 할 일을 다 한 기분이다. 그만 호텔로 돌아가 자고 싶다. 그나저나 헤이덴북스의 깍쟁이 아저씨, 한 번 웃어주지도 않더니 이런 좋은 곳을 소개해주다니.

고배우의 모습을 보니 니니 로소의 〈밤하늘의 트럼펫〉이 생각난다. 왠지 코끝이 찡하다. 20년 전 기억 속 혼자 걷던 거리를 처음 고백한 날, 달이 그녀에게 곁을 주었다. 그녀는 지금 어떤 기분일까? 이제 더 이상 슬프진 않은 걸까, 간신히 눈물을 참고 있는 걸까? 그녀의 눈물을 본 기억이 있는 나는, 지금 그녀가 아무렇지 않은 척하고 있다는 것을 알 것 같다. 이 순간 그녀에게 힘을 주고 싶다.

"여기서 바라보는 풍경으로 20년 전의 도쿄와 미래의
지구까지 모두 등장하는 영화를 만들어도 될 것 같아. 정말
많은 이야기를 함축하고 있는 것 같지 않아? 마치 어떤
구 속에 들어갔다 나온 것 같은 느낌. 그런데 말할수록
그 구가 작아지는 것 같아. 그래서 그만 말하려고."

헤이덴북스__ 어른들의 카페, 혹은 아지트

히로오의 추억 속으로 날 안내한 사람은 아오야마의 조용하고 격 있는 카페 헤이덴북스 주인장 하야시시타 에이지(林下英治) 씨였다. 가게 이름은 실험적인 재즈 연주가이면서 흑인 영가 같은 조용한 음악 도 연주하던 찰리 헤이든(Charlie Haden, 1937~2014)의 이름에서 따온 것이다. 이곳이 찰리 헤이든의 음악에 어울리는 인간미 넘치는 장소가 되었으면 하는 바람이 있었다고 한다. 디저트를 안 파니 카페 라고 하기는 그렇지만 서점이라고 하기도, 갤러리나 공연장이라고 소 개하기에도 애매하다. 실상은 그 모든 것이 다 있는, 한 마디로 멋있는 건 다 하는 곳이다. 생각보다 공간이 아담한데 오히려 그래서 알차다 는 느낌이다. 지은 지 43년 된 건물은 국제 이케바나⁶ 협회 창시자인 마담 오오노(大野典子)가 아틀리에 겸 전시 공간으로 사용하던 곳이 라고 한다. 어쩐지 공간에 힘이 있더라니.

'나의 히로오' 이야기가 시작된 이유도 이케바나와 관련이 있다. 일 본에서 이케바나는 상당히 파워가 있는 문화로, 전통적으로 남자가 하는 일이었다. 여자들은 신부 수업의 일환으로 배우는 정도였는데, 마담 오오노는 그런 인식을 거부하고 브라질과 헐리우드에서 활동하 면서 이케바나를 널리 알렸다. 그녀는 그레이스 켈리, 비비안 리 등 당 대 유명 여배우들과 이케바나를 통한 교류를 했다고 한다. 이 당찬 여 인의 작품을 책으로 본 순간 퍼뜩, 20여 년 전 한 장면이 생각났다. 긴자에 있는 금융 관련 빌딩(이었다고 기억되는)에 가면 로비에 앙상 한 나무 같은 것이 서 있고, 그 아래 '이케바나'라는 설명이 달려 있었 다. 당시 이케바나를 배우고 있던 터라 기억에 남은 듯하다. 또 언젠가 나이 지긋한 여자들이 보는 잡지에서 기모노를 입은 한 여성이 낙엽 이 있는 공간에서 움직이는 모습을 봤다. 그녀의 품격 있는 얼굴이 마 담 오오노와 겹친 그 순간, 신기한 기분이 들면서 자연스럽게 20년 전 나의 도쿄 생활이 틈새를 비집고 나왔다.

하야시시타 씨도 이런 건물의 스토리가 마음에 들었다고 한다. 그래 서 이 자리에 카페보다는 살롱에 가까운, 심플하게 커피와 와인만 팔고, 어른들이 와서 혼자 책을 읽거나 음악을 듣고 가는, 편안하고 격 있는 공간을 만들고 싶었다는 것이다. 아니면 잡지 편집자로 일하면서 사귄 아티스트 친구들이 언제든 와서 쉬어갈 수 있는 공간이어도 좋 겠다고 생각했다. 자기 안의 것을 나누는 것이 일인 아티스트들은 그 이상을 자신 안으로 흡수해야 할 테니, 이런 공간에서 보내는 시간이 분명 필요할 것이다. 그래도 지속적으로 운영하려면 적자가 나지 않아 야 하는 법인데, 정말 그 정도로도 괜찮은 걸까?

"직원을 두었더라면 돈을 더 많이 버는 방법을 고민하느라 중간에 길을 잃었을지도 몰라요. 혼자 일하면서 사람들이 새롭고 상쾌한 무언 가를 느낄 수 있는 기회를 제공하는 데 집중하고 있습니다."

그래서 이곳이 은신처 같은 느낌인가 보다. 주인인 히야시타 씨도 마치 은신처 안의 고양이처럼, 독특한 분위기를 풍기는 사람이다. 표정 을 읽을 수 없고, 움직임이 조용하고 차분하다. 그래서 다가가기 어려 웠는데, 나중에 '히로오가 보이는 옥상'을 들고 먼저 곁을 줄 줄이야.

"책, 단어, 음악 같은 것들은 다른 시간 그리고 다른 곳으로의 여행 과 같습니다. 늘 음악과 단어 그리고 예술이 한 데 어우러질 수 있는 조용한 장소, 누구든 앉아서 책에 흠뻑 심취할 수 있는 곳을 원했지만 도쿄에서 그런 느낌의 장소를 찾기 힘들어서 제가 만들었습니다."

그는 스스로 아티스트가 되지 않고 아티스트의 뒤에 서는 것을 택 했다. 나도 비슷한 생각을 한다. 나는 내 자신이 '원오브뎀(one of them, 여럿 중 한 사람)'인 게 얼마나 다행인지 모른다. 내가 진짜 아 티스트이거나 천재이면 삶도 그래야 하니까. 왜 꼭 내가 아티스트가 되어야 하나? 자신의 취향을 잘 세워서 좋은 아티스트를 알아보고, 즐겁게 예술을 소비하면서, 그리고 그들을 존중하면서 사는 것도 괜 찮은 인생이다.

"그런 면에서 배우님은 스스로를 어떻게 생각해요?" 기자들에게
늘상 받는 질문일 것 같은데 잠시 당황하며 복잡한 표정이 된다.
가만히 보면 고배우는 그렇다. 평범한 질문에 필요 이상 진지해지고,
특별한 대답을 듣겠다고 덤빈 질문은 가볍게 웃어 넘긴다. 그것
자체가 이미 자신은 '평균 정도'라고 생각하고 있는 게 아닐까?
"낫 배드(Not bad), 나쁘진 않은 것 같아요. 그냥 'so, so(그저
그런)'나 되지 말자고 생각하지. 저야 뭐 밖에 나와 있는 사람이니까
여러분이 판단해주시면 되지 않을까요?" 저 말에는 지금 농담이
하나도 없다고 확신한다.

책과 그림, 음악, 꽃 같은 것들이 없다고 사람이 죽지는 않는다. 다만
그것들을 통해 생각이 풍성해지고, 나 자신을 돌아보며, 그러다보면 삶
이 부드러워지고, 생활에 활력이 생긴다. 그러므로 우리에게는 그런 기
회를 제공해주는 아티스트가 건강하게 자신의 생각과 영감을 소화할
수 있도록 도와줄 의무와 권리가 있다. 헤이덴북스에서는 다르게 생각
하고 달리 표현하는 다양한 아티스트들이 만나고 부딪치고 주고 받으
며 더 많은 것을 나누는 계기를 만들어갈 것이다. 이 작은 공간이 부러
워지기 시작한다.

6 이케바나(生け花)는 꽃꽂이를 가리키는 말로 '가도(花道)'라고도 한다. 꽃꽂이에 도(道)가 붙는 것은 외관보
다 '꽃을 통해 자신을 표현한다'는 정신성을 중요시하기 때문이다. 일본인에게 이케바나는 자연과의 교류이
며, 마음의 평온을 찾아나가는 과정이다.

거리: 두 개의 물건이나 장소 따위가 공간적으로 떨어진 길이

핼러윈데이 직전의 일요일 오후, 오모테산도 거리. 도로까지 막고 가장행렬이 한창이다. 할아버지, 할머니, 아빠, 엄마, 아이들, 동호회 친구들, 그리고 이런 일에 빠질 수 없는 연인들까지 할 수 있는 만큼 분장을 하고 일렬로 걷고 있다. 남의 나라 명절에 이처럼 열성을 보이는 게 신기하기도 하지만, 이것 또한 삶의 비타민일 수 있겠다. 아니면 여유가 있다고 할까?

나도 지난 가을, 오랜만에 똘래와 청담동 거리를 걸었다. 신호 대기 중인 버스 앞에서 기념 촬영도 하고, 새것 느낌 나는 빌딩 앞에서 포즈도 잡아보고…. 그러다 대로변 구두 수선집에 걸린 작은 간판, '금이빨 삽니다' 를 발견하고 깔깔 웃었다. 얼마나 재미있던지 사진까지 찍어두었다. 청담동과 금이빨, 그것도 '이'가 아니라 '이빨'.

'거리(距離)'를 국어사전에서 찾아보니 '두 개의 물건이나 장소 따위가 공간적으로 떨어진 길이, 일정한 시간 동안에 이동할 만한 공간적 간격, 사람과 사람 사이에 느껴지는 간격, 보통 서로 마음을 트고 지낼 수 없다고 느끼는 감정'을 가리킨다고 한다. 그래, 그래서 우리는 가끔 거리를 걸어야 한다. 걷다 보면 발견하고, 만나고, 닿는다. 그러고 보니 순우리말 '거리'는 보통 '저녁거리, 한 주먹거리' 등으로 쓰는데 '내용이 될 만한 재료나 제시한 시간 동안 해낼 만한 일'을 뜻한다고 한다. 그래, 이 두 가지 의미를 합하면 일생 힘 닿는 데까지 걸어야 뭐라도 생긴다는 거로군. 그렇다면 좋아, 계속 걸어주겠어.

일생 힘 닿는 데까지 걸어야 뭐라도 생긴다는 거로군.
그렇다면 좋아, 계속 걸어주겠어.

하이이로 오카미 + 하나야 니시벳푸 쇼텐___ 꽃도 앤티크가 되나요?

가게에 들어서자마자 유칼립투스 향이 기분 좋게 후각을 점령한다. 한 쪽에 얼마 전 우리집에 들어와 이제 거의 시들어가는 킹프로테아가 있어 반갑다. 이 녀석도 딱 우리집 애 만큼 시들어 있다. 이 가게의 꽃들은 대부분 한 겹 베일이 덧씌워진 듯한 무채색이다. 그래서인지 중성적인 느낌이다.

'하이이로 오카미 + 하나야 니시벳푸 쇼텐'이라는 긴 이름을 가진 이곳은 고(古)와 생(生), '옛 것과 살아 있는 것이 한 쌍'이라는 콘셉트로 러시아·유럽 앤티크 전문가인 사토 가쓰야(佐藤克耶) 씨와 플로리스트 니시벳푸 히사유키(西別府久幸) 씨가 각자의 전문 분야를 살려 함께 운영하고 있다. 예를 들어 러시아에서 찾아낸 앤티크 화병에 '긴긴 밤에 어울리는'을 주제로 꽃을 꽂거나 콘크리트 고물과 꽃을 합쳐 하나의 작품을 만드는 식이다. 그래, 이곳에 오기 전에 붉은 컬러로 입술에 포인트를 주기를 잘했다. 이 담담한 분위기와 잘 어울리네. 문득 이 두 사람의 영혼의 색도 궁금해진다. 어쩌면 이렇게 잘 어울리는 생각을 한 것일까.

고현정(이하 K) 보통 꽃집은 색이 화려한 꽃을 파는데, 이런 분위기의 작업을 하게 된 계기가 있나요?

니시벳푸(이하 N) 꽃 산업이 활성화되면서 자연적으로는 존재할 수 없는 색의 꽃이 많아지더군요. 그런 꽃들은 매우 화려하죠. 그런데 저희는 반대로 들판에서 자라는 야생화를 좋아해요. 꽃 본래의 색과 자연 그대로의 모습에서 나오는 매력을 소개하고 싶다는 생각이 들었어요.

K 이 꽃들은 말린 건가요? 색이 바랜 듯도 하고요.

N 아뇨, 다 생화입니다. 흔하지 않을 뿐이죠. 그래서인지 꽃을 자주 접하는 분이나 아티스트들이 저희 작업을 좋아해주시는 것 같아요. '이제 지겨워, 뭐 새로운 게 없을까?' 싶을 때 저희 꽃이 생각나는 거죠. 팬이 조금씩 늘어나고 있습니다.

K 싱싱하고 색이 선명한 꽃은 왠지 크리스탈 화병에 꽂아야 할 것만 같잖아요. 그러고 나면 일종의 스트레스와 긴장감이 느껴져요. 두 분의 작품은 그게 없어서 좋아요. 저도 두 분과 같은 부류거든요.

두 사람은 직접 화병을 골라 꽃을 꽂아보겠냐고 물어왔다. 그보다 그들의 작품이 완성돼가는 모습을 지켜보고 싶었다. 두 사람은 잠시 고민하다가 내게 받은 첫 느낌을 작품으로 만들어보겠다고 한다. 그러더니 "어떻게 하지?" 하고 속삭이면서 마주보고 웃는다. 부담을 줄여주고 싶어서 '나는 이미 무엇이든 감동할 준비가 돼 있다'는 출사표를 먼저 던졌다. "꽃이 완성되면 아무도, 아무 이야기하지 말아요. 저 그냥 확 누울 거거든요!"

이곳에 있는 물건들의 본래 용도는 무엇이었을까. 이야기를 상상하는 것은 참 재미있다. 사토 씨가 물병 모양의 나무통 하나를 들고 말했다. "이건 자작나무로 만든 물통인데요, 옛 러시아에서 벌목꾼들이 물이나 맥주, 음료를 넣어 가지고 나갔다가 때때로 목을 축일 때 사용했대요. 그렇게 쓰이다가 오랫동안 어딘가에서 긴 시간을 보냈죠." 귀를 기울이던 일행들이 "낭만적이다", "재미있다" 탄성을 질렀다.

내 눈에도 앤티크한 물건들이 훨씬 예쁘다. 이유가 뭐지? 정확히 꼬집어 말할 수는 없지만 그걸 놓았을 때 공간의 분위기가 더 좋은 것만은 분명하다. 사토 씨의 수집품은 옛 유럽에서 사용하던 식초병(꽃 한 송이를 꽂아놓으니 무척 근사하다)부터 아프가니스탄 유적에서 나온 유리병, 일본 전통 물통까지 다양하다. 한때 쓰임을 다하고 50~100년간 묻혔던 물통들은 화병으로 용도가 바뀌어 다시 생명을 이어가고 있다. 그는 매년 직접 러시아에 가는데 "옛날 물건들을 찾아내고 그 이야기에 귀를 기울일 때 느껴지는 소박함이 너무 좋다"라고 고백했다. 그리고 그 물건들이 화병 또는 전시 오브제가 되면서 새로운 생명력을 얻는 일에 사명감을 느끼고 있다.

드디어 꽃이 완성됐다. 특이하게 생긴 식물이 있어 물어보니 이름이 '마녀의 발톱'이란다. 고배우가 화병과 약간 떨어져 바닥에 눌러 앉았다. 좀 더 가까이 가지, 바로 옆에 놓고 있어도 될 텐데… 낯선 것, 새 것에 쉬이 다가가지 못하는 습성은 여전하다.

7 남아프리카가 원산지의 꽃으로 높이가 1~2미터나 돼 '자이언트 프로테아'라고도 불린다. 컵 모양의 꽃은 분홍색, 흰색 등으로 다양하고 지름이 30센티미터나 되는 경우도 있다. 또 꽃을 꺾어도 수명이 1개월 정도로 길다. 자생하는 경우에는 열매가 불에 타야만 종자를 퍼트릴 수 있어 산불에서만 번식할 수 있는 특이한 종이다. 1976년에 남아프리카공화국의 국화로 지정되었다.

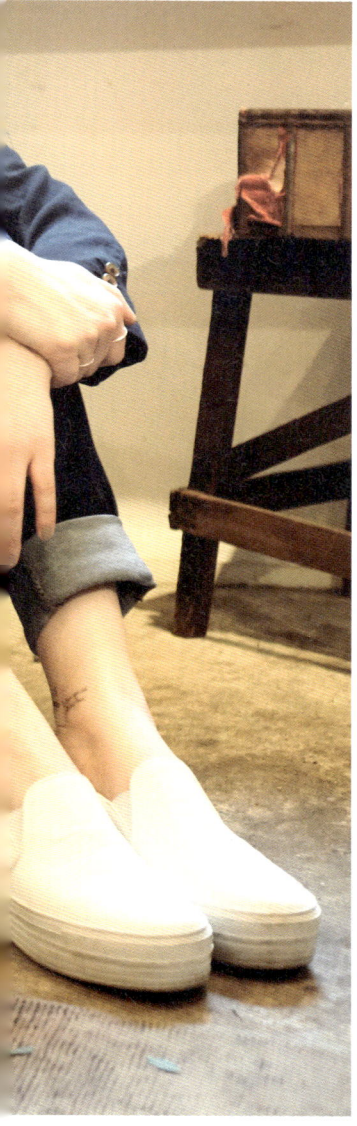

K 너무 좋네요. 되게 편안하면서 생명력도 느껴지고. 심지어 색이 한 톤 낮은데도 너무 싱싱해 보여요. 아기처럼. 하루 종일이라도 볼 수 있을 것 같아. 또는 내가 다른 일 때문에 관심을 못 가져줘도 내 곁에 있어줄 것 같은 느낌도 들어요. 실제로는 없어도 되는, 있으면 더 좋은, 한 마리 고양이 같은 느낌?

N 언제나 우리의 작업이 '사람 곁에 머무는' 꽃이면 좋겠다는 생각을 해요. 지금 그 이야기를 해주시는 거죠?

소름이 돋는다. 서로 다른 곳에서 서로 다른 일을 하면서 살다가 갑자기 서로 이렇게 마음을 알아주는 순간이 오면 어떻게 반응해야 하는 걸까? 고맙다고 인사를 해야 하나, 눈물을 흘려야 하나? 세계에서 가장 짧은 정형시 하이쿠를 완성시킨 마쓰오 바쇼[8]가 한 말이 맞다. '보이는 것 모두가 꽃.' 그렇다. 마음만 같다면 보이는 모두가 꽃이다. 네 눈에나, 내 눈에나. 최근 언어 유희적 단어들에 빠져 있기도 하다. 예를 들어 줌인(zoom in)과 주민(住民)을 묶어 '나라가 정말 줌인해야 하는 이들은 그 땅에 사는 백성들, 주민들이다'라는 식이다. 그런 단어가 100개쯤 모이는 날, 공개해야지.

8 하이쿠는 17자의 글자 안에 인생과 자연에 대한 깨달음이 강렬하게 함축돼 있는 일본의 시 형식이다. 1644년 일본 남동부, 현재의 미에현에서 태어나 하이쿠 지도자로 명성을 얻게 된 바쇼는 작은 오두막에 은둔해 살면서 인생의 고독과 허무, 그리고 영혼의 구원을 하이쿠에 담았다. 바쇼는 '방랑 미학의 창시자'로도 불린다. '인생은 곧 여행'이라는 사상을 행동에 옮기며 생을 마칠 때까지 10년 동안 수천 킬로미터나 방랑을 이어갔으며, 이 기간에 그의 대표 하이쿠 대부분이 탄생했다고 한다.

스윔슈트__ 고우코 씨에게 배우는 컬렉션 생활

하, 너무 피곤한 저녁. 딱 그만 호텔에 가서 자면 좋겠다는 생각뿐이다. 그래도 오래전 약속을 해둔 곳인데 여러 사람을 곤란하게 만들 수는 없다. 간단히 둘러보고만 가야지, 하는 생각으로 들어선 가게에서 가장 먼저 용접 마스크 시리즈가 눈에 들어온 게 문제였다. 그 후로 엄청난 수다가 시작됐으니. 이 물건은 전생이 있었다면 전쟁을 준비하는 켈트족이 분명했을 나를 위한 아이템! 머리에 쓰니 더욱 재미있다. 이걸 쓰니까 사람들을 쳐다보는 게 안 민망한데? 파는 물건인지 주인에게 물어보니 자신의 컬렉션이라 팔지 않는단다. "맞아, 맞아요! 절대 팔지 마세요!" 맞장구를 쳤다. 이런 건 그 재미를 제대로 아는 사람이 가지고 있어야 한다. 그러면서도 내가 고글을 좋아한다니까 주인장이 바로 해녀가 쓸 법한 물안경을 꺼내온다. 1950년대 물건이란다. 어떡해? 이것도 너무 좋아, 콧소리가 막 나오네. 물에는 절대 안 들어가면서 물안경은 왜 이렇게 좋은지 모른다.

고배우가 굉장히 피곤해 보이는데 괜찮을까. 벌써 며칠째 강행군이다. 그런데도 '오녀가 당신과의 인터뷰를 기대하고 있다'는 한 마디에 "오케이, 그럼 가야죠. 무슨 일이 있어도!"라고 외치는 사람이다. 그리고 용접 마스크 하나에 완전히 무장 해제돼버린 사람이다.

이곳의 주인장 고우코 다카히로(鄕古隆洋) 씨는 여러 나라를 돌며 인테리어 소품, 빈티지 물건, 공예품, 향토 완구 등 오래된 물건을 장르나 시대, 지역에 상관 없이 모아 전시, 판매하고 있다. 1년에 네 번 미국에 가서 재미있는 물건을 구해오고, 지난 8월에는 일본 잡지 〈브루터스〉에서 하와이의 오래된 물건 이야기를 써달라고 요청해와 바로 하와이로 날아가기도 했다.

그의 본업은 해외에서 인테리어 잡화를 수입하는 것이다. 그에게 돈 버는 직업이 따로 있다는 것을 특별히 강조하는 이유는 이 가게는 구경만 하려고 해도 사전 예약을 해야 하고, 아무리 손님이 원해도 팔지 않는 물건이 꽤 있기 때문이다. 일종의 사전 귀띔이랄까. 그러니까 컬렉팅은 개인적으로, 정말 좋아서, 특별히 돈 벌 생각 없이 하는 일이다. 그의 셀렉트 기준을 요약하면 이렇다. '가게용, 개인 소장용 구분 없이 내가 갖고 싶은 것을 일단 셀렉트함. 장사를 하려는 게 아니라 그냥 좋아서 모으고 있기 때문에 사람들이 안 사가도 상관없음. 다시 말해 이건 팔리고, 이건 안 팔리겠다는 생각이 아예 없음.'

그렇게 자기만의 감성으로 고른 물건을 모을 뿐인데도 그는 일본 내에서 큰 주목을 받고 있는 것 같다. 컬렉터계의 대부라고 불리며, 일본 골동품 마켓을 돌며 취재한 내용을 잡지에 연재하고, 인테리어 및 라이프스타일 잡지 등에 고우코 씨의 컬렉션과 독특한 스타일에 대한 기사가 소개되기도 했다. 그런데도 그가 자신의 일을 소개하는 멘트는 아주 쿨하다.

"리사이클 숍이나 빈티지 숍들을 다녀요. 좋은 물건을 발견하는 날도 있지만, 못 찾으면 또 그만이고 그렇습니다."

그래, 이런 사람이 제일 좋다. 요 근래 본 인물 중에 제일 웃기다. 뭐가 왜 좋은지 딱히 이유가 없어도 아무렇지 않은 사람. 가게에 좋은 음악이 연달아 나오길래 "음악은 어떤 기준으로 고르냐"고 물었더니 "그냥 라디오"란다. 다시 한 번 빵 터졌다. 또 지우개 달린 옛날 미제 연필을 수두룩하니 꽂아놨길래 "연필이 좋은 게 아니라 그냥 이 비주얼이 좋은 거죠?" 물어보니 "맞다"고 한다. 내가 딱 알지. 내 깊이도 딱 저 정도이거든. 내 리액션을 따라 그도 웃었다. 아주 입이 만개하셨구먼. "박실장 알겠지? 내가 왜 쓰지도 않을 연필을 갑자기 사오라고 해서는 다 깎아서 이만큼씩 꽂아놓는지. 그동안 이 여자가 뭐하나 싶었을 텐데, 이제 감이 오지?" 유쾌한 고우코 씨 덕분에 한껏 흥이 오른 나는 매니저에게, 또 주위 사람들에게 계속 농담을 던진다.

고우코 씨에게 물건을 구입한 이유를 물으면 "그냥 현대 미술 같아서"라고 대답하는 경우가 많다. 본래 용도에는 관심이 없고, 독특한 모양새이거나 컬러가 예쁘면 모으는 거다. 그건 내가 물건을 소비하는 방식이기도 하다. 이처럼 소울이 통하는 우리, 우린 굳이 평생 안 만나도 되는 사이였을 수 있다. 그래도 아마 각자 알아서 잘 살았을걸?

테리 윌리암스의 LA 전시 포스터부터 '보조개' 꽃병까지! 물건들이 하나하나 재미와 미적 감각이 잘 잡혀 있다. 난 남자든 여자든 보조개가 있는 사람이 좋다. 그나저나 이 하인즈 케첩병은 뭘까. 흔하디 흔한 케첩병을 일부러 이렇게 잘 보이는 데에 두었을 리는 없는데? "그건 라디오와 전화기예요. 1980년대 미국에서 쓰던 건데 가져왔어요." 아, 그래서 아래 부분이 뿅뿅뿅 뚫려 있구나. 맞다, 케첩은 본래 중국 음식인데 유럽을 거쳐 미국으로 가면서 완전히 맛과 내용이 달라진 세계화의 돌연변이이다. 처음 들을 때는 그 사실을 믿을 수 없었는데 알아보니까 정말 맞았다. 아, 이래저래 재미있어서 기분 좋다! 고우코 씨도 기분이 좋은 것 같다. 일본 잡지 〈굿센스(Good Sence)〉에 나온 본인

의 집에는 더 작지만 소중한 아이템이 많아서 필요하면 보여주겠다며 정중하게 제안도 해준다. 아마, 집은 이 숍보다 몇 배는 더 정신 없을 게 분명하다. 이런 소품을 좋아하면 다 그렇게 되거든. 우리집도 되게 자잘한 물건이 많은데, 하나하나 뜯어보면 숨어 있는 이야기가 장난이 아니다. "가게 안에 작은 물건이 워낙 많아서 한 번 와서는 다 못 봅니다. 두 번, 세 번은 와야 비로소 물건들이 눈에 들어오죠."

그나저나 이런 물건을 어떻게 반입하는 걸까? 그동안 마음에 꼭 드는 게 있어도 들어오는 게 힘들 것 같아서 포기했는데…. 반입 만큼이나 큰 고민은 보관할 장소다. 집이든 숍이든 공간이 한정돼 있는데 대체 얼마나 더 모을 수 있을까? 혹시 그런 제한 때문에 아직 못 데려온 물건도 있을까? "놓아둘 공간은 생각 안 하고 우선 사는 편이에요. 어딘가에 처박혀 있는 것보다 제가 가지고 와서 여기에 있는 편이…." 그래, 더 안심이 될 테지. 그러고 보니 이 숍 안의 물건들이 놓인 법칙을 알겠다. 정리하는 사람들은 다 나름의 패턴을 가지고 있다. 나더러 이 숍을 한 번 정리해보라고 하면 한동안 아무 데도 안 나가고 신나서 할 수 있을 텐데!

나는 물뿌리개도 참 좋아한다. 그렇게 말하면 대부분의 사람들이 같은 질문을 한다. "식물에 관심이 많으신가 봐요? 그러실 것 같았어요." 아니, 집에 화분은 하나도 없다. 난 물뿌리개를 좋아하는 건데, 왜 식물이 필요하지? 도마를 좋아하는 걸 알게 되면 또 물어본다. 칼도 많냐고. 마찬가지다. 칼에는 관심 없고 도마만 좋아한다. 고우코 씨가 그 마음 알겠다는 듯이 맞장구를 쳐준다. "물뿌리개 살 정도면 알 것 같아요. 어느 정도 물건을 좋아하는지…." 역시 내 소울메이트 고우코 씨다.

알고 보면 세상에 쓸모 없으나 위대한 일이 얼마나 많은가? 또 쓸모 없어 보이는 일에 최고로 열정을 쏟는 사람들이 있다. 쓸모가 없어져 버려지는 물건도 많다. '필요'를 따지면 할 말이 없지만 '의미'를 따지면 얼마든지 곁에 두어야 할 이유가 있지 않을까. 오늘 밤 그 생각이 틀리지 않았음을 확인하면서 기분이 한없이 좋아진다.

천청저울에 마른 식물을 담아
천정에 걸어 놓은 오브제.
먼지다.

군데군데 칠이 벗겨진
빨간색 워크 램프. 등이 굽고
고개를 깊이 숙인 모습이
할머니꽃 같아서 애처로웠다.
스윕슈트에서 발견.

IKEBANA
Season
to
Season

이 책 덕분에
헤이덴북스 주인장과
많은 추억거리를
나누게 됐다.
저 꽃의 선을 보라.

딱 보고 '어쩜 이렇게 영화 세트
같을까'라고 생각한 앤티크 꽃집의
세면대. 적당히 녹슬어 있고 적당히
깨끗한. 작업의 흔적이 역력한
공간이다.

여기 삐쭉 나온
식물이 '마녀의
발톱'이란다. 나를
본 첫 느낌을
담았다는데,
테마가 마녀라니.

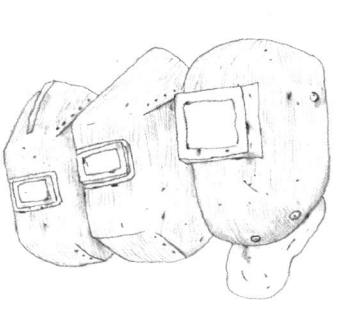

저녁 무렵 지친 나를 불끈! 힘 솟게
만들어주었던 고우코 다카쥐로 씨의
컬렉션들. 이걸 쓰고 나가면 사람이
아무리 많아도 눈 마주치는 게
힘들지 않을 텐데.

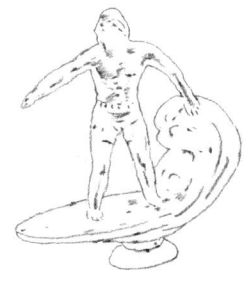

이건 고우코 씨가
하와이에 갔을 때 구한 게
아닐까? 금방이라도 물이 튈
것처럼 청량해 보이네.

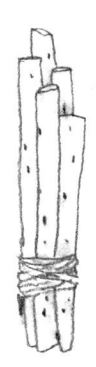

대나무의 색이 변했네. 많이
말려서 그런 건가? 대나무
몇 개를 잘라서 이렇게 묶어
놓아도 멋진 장식이 된다는 걸
알게 됐다.

왠지 식인 물고기 같기도 하고, 성능
좋은 잠수함 같기도 하고, 아무튼
묘하게 생긴 물고기 모양의 장식.

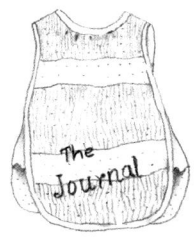

The
Journal

스윔슈트에서 만난 베스트.
산뜻한 주홍색과 베이지, 남색의
조합이 마음에 들었다.

20년 전부터 줄곧 짝사랑해온 나의 히로오에 좋은
장소가 많이 생겼다. 헤이덴북스도, 앤티크 꽃집도,
만물상 스윔슈트도 시간을 잡아먹는 데는 귀신들이다.

고현정의 표정에서 발견하는 100가지 틈

"표정은 최악의 밀고자다."
−〈유대인의 격언집〉 중에서

최근 '고양이 번역기'가 등장했다는 기사를 읽으며 '사람 표정 번역기는 왜 안 나오나' 한탄했던 기억이 난다. 개나 고양이의 울음소리까지 통역해주는 시대, 사람의 진짜 속마음은 오직 표정만이 밀고해준다. 고배우는 너무 표정이 없어서 속을 알 수 없는 쪽이 아닌, 시시각각 변하는 표정을 통해 그 마음의 들고남을 읽고 싶어지는 부류의 사람이다. 그녀의 표정은 우리가 알고 있는 '겉 표정과 속 마음의 공식'에 잘 들어맞지 않기 때문이다. 누군가 '고현정' 하면 수묵화가 떠오른다고 하던데 '알고 보면 추상화이지 않을까' 하고 나는 생각한다.

오래전 〈고현정의 결〉 출간을 앞두고 표지를 촬영할 때 일이다. 잔뜩 인상을 쓰고 눈앞의 화면을 보는 그녀를 발견하고 마음을 졸이고 있었는데, 매니저가 살짝 귀띔해 주었다. "마음에 드신 거예요."

그때 '설마 저 표정이…?' 하고 놀랐던 기억이 생생하다. 그 후로 몇 년이 흐르고, 그 사이 몇 번 더 만나 이야기를 나누고, 두 번을 함께 여행하고 나니 이제는 그 표정도 어느 정도 번역이 가능하다.

아침 일찍 만나는 날은 일부러 수다 꽃을 피운다. 한참 이런저런 이야기를 하고 나면 고배우가 "아, 이제 얼굴 좀 풀렸겠지"라고 말한다. 그러고는 하루 종일 깔깔거리며 웃다가, 이야기가 잘 안 들린다는 듯 코끝을 찡그렸다가, 집중할 때 심하게 올라가는 한쪽 눈썹과 어색할 때마다 샐쭉 앞으로 전진하는 입술, 부끄러움을 얼굴 가득 표현하기 위해 무장해제되는 이마와 눈, 코, 입 그리고 턱까지… 그녀의 얼굴은 쉴 틈이 없다. 그녀의 열정이, 그녀의 애씀이, 차마 말로는 전할 수 없는 깊은 속마음이 표정만으로도 보인다. 그래서 나는 그녀에게 더 귀 기울이고 싶은 사람이라면 표정에 주목하라고 귀띔하고 싶다.

이번 여행을 함께 한 목정욱 사진작가는 "보고 싶던 고현정의 얼굴이 수시로 불쑥불쑥 튀어나와 좋았다"라고 여행의 소회를 전했다. 함께 여행한 날짜가 늘어갈수록, 그래서 더 친해질수록 이십 대 때의 풋풋한 표정, 〈모래시계〉의 소년 팬이 보았던 그 소녀 같은 얼굴이 카메라를 빨아들이더라는 것이다. 그것은 8할이 표정의 힘이다. 시간은 흘렀지만 표정은 어디로도 가지 않았다. 그러다가 어느 순간 그녀의 외로움도 확 전해온다. 혼자서 조용히 울음을 삼킬 수밖에 없는 사람, 강한 책임감을 타고나 혼자서 견딜 것이 많은 사람에게서 느껴지는 깊은 외로움의 표정. 그럴 때의 표정은, 잘은 모르지만 좀 깊다. 이 책 곳곳에서 찬찬히 그녀의 표정에만 주목해 외로움을 찾아보시기 바란다. 그것을 발견하는 순간, 조용히 그녀 곁에 서 있고 싶어질 테니. 그나저나 그 외로운 표정을 지은 오늘, 혼자 호텔에 남겨둬도 될까.

PART 4

도쿄역, 구라마에
東京駅, 蔵前

지나간 시간을 음미하는 법을 배우다

한동안 도쿄에 오면 도라노몬(虎ノ門)에 있는
오쿠라 호텔에 묵었다. 처음 도쿄에 왔을
때도 집을 구하고 살림살이를 준비하느라
두 달 가량 머문 곳이다. 미국대사관까지
이어지는 비밀 통로가 있다는 이야기나 일본
전통 가옥의 분위기 등 매력적인 요소가 참
많다. 무엇보다 손님을 한 명 한 명 기억하고
그 기억을 잘 간직했다가 요긴하게 활용하는
서비스가 인상적이다. 그런 점이 참 편하다고
느꼈는데 어느 순간, 그 점 때문에 더
이상은 가기 힘들다는 것을 알았다. 그렇다.
지나간 것은 지나간 대로 기억 속에만
남겨두자.

It's gonna be,
alright
this time

어른의 시간을
맞이할 때가 왔다

Time
+
Us gonna be
alright this time

지나간 시간을 잘못 되씹으면 떫은 맛이 난다.
언젠가 그 맛도 상쾌하게 즐길 수 있을까?

벌여둔 일이 많아서인지, 최근 평정심을 유지하기 힘든 날이 계속되고 있다. 너무 많이 웃거나 지나치게 자주 속상하다. 어젯밤에도 내내 마음이 불편했다. 그래도 다시 으쌰으쌰 기운을 내야지. 속에서부터 에너지를 모아본다. 내 기분이 좋지 않으면 함께 있는 사람들의 마음이 불편하다. 이런 걸 마음이 체한다고 해야 하나. 아직 전에 찾아온 감정조차 미처 소화하지 못했는데, 새로운 감정을 집어넣어야 한다. 이런 날은 내가 여러 명이면 좋겠다. 이런 말이나 하고 있으니 마흔이 넘었으면서 어른인지도 모르고 살고 있지.

아이는 바른 것을 가르쳐주는 무서운 사람이 있어야 똑바로 자란다. 어른도 어른답게 살려면 스스로 무서운 사람을 만들어야 한다. 자신을 정직하게 비추는 거울을 곳곳에 두어야 한다. 내게는 부모님과 남동생이 그런 사람이다. 어느 날 아빠에게 혼이 났다. "네가 말이 많아졌다. 그렇게 상식이 많고 할 말이 많으면 모든 일을 네가 하면 되겠구나. 이런 인생을 감당할 수 없을 것 같으면, 아빠가 그렇게 반대하는 미스코리아부터 하지 말았어야지. 네가 게으르게 살아놓고 지금 너를 위해 열심히 일하는 사람들을 내 앞에서 불평해대는 건 이상하지 않니?" 순간, 정신이 번쩍 들었다. 지금도 가끔 그 말씀을 꺼내서 나를 비춰보곤 한다.

킷테 쇼핑몰 __ '연결'한다는 것의 의미

이곳 킷테 쇼핑몰은 '연결'이 콘셉트라고 들었다. 사람과 사람, 거리와 거리, 시대와 시대를 연결하는 공간이 되는 것, 그리고 그 역할을 지켜가는 것이 목표라고 한다. 이번 여행에는 작년 오키나와에서 인연을 맺은 세소코 씨가 동행해주고 있다. 우리도 그렇게 '연결'이 되고 있다. 이번엔 부인과 아들까지 데리고 왔다. 작년 이맘때 태어난 아이는 어느새 곧잘 걸을 만큼 자랐다. 세상을 산 지 갓 1년이 넘은 아이 이름은 세소코 묵그. 원래 발음은 '무꾸', 혹은 '무구'에 가까우나 한글로 썼을 때 보기 좋은 이름을 내가 지어주었다. 한글 이름에 '꾸'나 '구'가 들어가면 왜 그런지 세련돼 보이지는 않는다. 묵그는 성격이 좋다. 마구잡이로 떼를 써도 될 돌쟁이인데 여간해서는 보채는 법이 없다. 묵그는 좋겠다. 엄마도 있고, 아빠도 있고, 오키나와도 있고, 도쿄도 있고, 선물로 받은 레고도 있고.

외국 이름을 한글로 표기할 때 나름 신경 쓰는 게 있다. 들을 때는 괜찮아도 써놓고 보면 어색한 경우가 많은데, 글자는 '모양'이기도 하기 때문이다. 얼마 전부터 한글의 생김새에 관심이 많아졌다. 휴대전화로 문자를 입력하다 보니 한글의 기본 글자가 모음 'ㆍ, ㅡ, ㅣ'와 자음 'ㄱ, ㄴ, ㅁ, ㅅ, ㅇ'을 합쳐 모두 8개이고, 여기에 획을 추가해가면서 여러 모양을 띠게 된다는 점을 새삼 이해하게 됐다. 게다가 한글 모양에는 점, 수직선, 수평선, 사선, 동그라미 등이 고루 들어가 있다. 그리고 자음과 모음으로 분리되어 있지만 반드시 이들이 다 모여야 하나의 글자가 된다. 그러니 그 조합만으로 만들 수 있는 이미지의 수는 헤아릴 수 없이 많다.

모음을 구성하는 요소는 천지인(天地人), 곧 하늘과 땅과 인간에 대한 이해를 바탕으로 디자인되었고 자음은 인체의 발음 구조를 본떠 만들었다고 한다. 그래서인지 모음과 자음은 느낌이 서로 다르다.

나는 모음처럼 살고 싶은 사람이다. 그래서 내 브랜드 이름으로도 모음끼리의 조화가 좋은 '에띠케이(atti.k)'와 '코이(KoY)'를 골랐다. 그런데도 내게는 '격, 결, 겹' 같은 자음이 모인 단어가 어울린다는 말을 자주 들었다. 정말 그런가? 그나마 세 글자 중 '결'은 밑을 받치고 있는 'ㅌ'이 'ㄱ, ㄹ, ㅂ'에 비해 서로를 옭아매지 않고 자유롭게 놓아주고 있는 모양이라 마음에 든다. 또 어떤 방향으로도 갈 수 있는 열린 구조라 좋다. 글자 하나도 이렇게 가만히 들여다보면 생각이 끝이 없으니⋯. 그래서 인문학자 정민 교수는 "좌우 5밀리미터 글자에 때로는 100미터의 사유가 담겨 있다"라고 했나 보다. 아무튼 나는 모음 인생은 아닌 걸로. 이제부터 착각하지 않고 살기로.

도쿄역 근처, 쇼핑몰로 바뀐 옛 도쿄 중앙우체국 옥상에서 고배우가 잠시 말을 멈추고 난간에 몸을 기댄 채 발을 까딱거린다. 바람은 고배우의 머리카락을 가지고 장난을 친다. 외롭게 솟아있는 그녀의 등에 십대 소녀가 갇혀 있는 것 같다. 고배우는 자주 어린 시절을 회상한다. "엄마가 외출하시면 동생들(똘래네까지 포함)을 어른 이모처럼 공부시키고, 점심을 챙겨 먹이고, 씻기곤 했어요" 하고. 그게 고작 열 살 때 이야기다. 어릴 때 어른 같은 아이였던 그녀는 지금 여전히 어른 아이인 건 아닐까. 불안하면 울고, 누군가한테 마냥 기대고, 아무 때나 응석을 부리고 싶은⋯. 그런 모습을 애써 감추며 센 언니인 척, 무심한 척, 아무렇지 않은 척하는 건지도 모르겠다. 사람은 겪을 일을 때맞춰 다 겪어야 한다. 이르게 철이 드는 것도, 지나치게 철이 들지 않는 것도 나중에는 다 자신이 감당해야 할 무게가 된다. 그녀에게서 새삼 그 무게를 본다.

가키모리 문구점__ 쓰는 것만으로도 가벼워진다

가키모리 문구점 주인 히로세 씨는 묵그의 한글 이름 때문에 고민하는 나를 묵묵히 지켜보는 사이, 자신의 한글 이름이 궁금해진 모양이다. 이름을 물으니 "히로세(広瀬) 다쿠마입니다"라고 정중하게 대답한다. 이름에 '구'나 '쿠'가 들어가면 내가 보기에는 그닥 좋지 않은데. 그렇다고 '히로세 닥그마'라고 쓰면 '닭다'처럼 보일 것 같다. 그럼, 다크마는 어떨까? 닥크마, 아니면 닷그마? "한자로는 어떻게 되나요?" 하고 물으니 '재련하다, 정련하다, 닦다'라는 뜻의 '탁마(琢磨)'를 쓴다고 한다. '열심히 노력하고 공부하라'는 뜻이 담겨 있다고. 아마도 절차탁마(切磋琢磨)[9]에서 왔나 보다.

가키모리는 글쓰기의 즐거움을 많은 사람에게 전하고 싶다는 소망과 도쿄 변두리에서 활동하는 문방구 장인들이 가업을 이어갔으면 좋겠다는 바람을 담아 창업한 가게다. 히로세 씨는 편지, 낙서, 일기 같은 사적인 '글쓰기'는 매일을 조금씩이라도 따뜻하게 만들어준다고 굳게 믿고 있다. 그래서 노트를 맞춤(오더 노트[10])으로 만들 수 있는 가게(펜과 기타 문구도 같이 판다)와 손님이 직접 잉크를 조제할 수 있는 가게가 나란히 붙어 있군! 가키모리 한쪽에서는 정말로 찰캉, 탕탕, 똑딱거리며 노트 만드는 소리가 한창이다. 나만의 오리지널 잉크[11]를 만들 수 있는 가게인 잉크 스탠드도 글쓰기를 더욱 즐겁고 기쁘게 하기 위한 곳이다. 내가 노트와 펜을 좋아하는 이유는 심플하다. 워낙 아날로그 방식으로 기록하기를 좋아하기도 하고, 그들의 생이 나의 생보다 빨리 끝나기 때문이다. 즉, 나는 평생 아주 여러 권의 노트와 여러 개의 펜을 살 수 있다!

펜을 고르는 나의 기준은 까다롭다. 아무리 좋은 펜이라도 자신의 서필 스타일과 맞지 않으면 글씨를 보기 좋게 쓸 수 없다. 그런 상황이 반복되면 점점 필기하기가 귀찮고 쓰는 속도가 느려진다. 특히 만년필의 경우, 펜촉의 굵기가 많은 것을 좌우한다. 두꺼운 펜촉은 필기감이 부드러워 좋다. 그러나 자음과 모음이 여러 개 겹쳐져 하나의 글자가 되는 한글의 특성 때문에 글씨를 예쁘게 쓰기는 좀 어려울 수 있다. 다음으로 중요한 것은 필기감이다. 쓸 때 사각거리는 것과 부드럽게 미끄러지는 것 중 취향껏 고르면 된다. 만년필론을 펼치다 보니 서예를 배울 때 늘 가지고 다녔던 문방사우(文房四友)가 생각난다. 붓, 먹, 벼루, 종이. 네 친구 중 셋이 하나로 합쳐진 세상은 더 편해졌을까, 아니면 외로워졌을까?

---

9 원래 톱으로 자르고 줄로 쓸고 끌로 쪼며 숫돌에 간다는 뜻으로, 학문뿐 아니라 기술을 익히고 사업을 이룩하는 데도 인용된다. 절차(切磋)는 학문을, '탁마(琢磨)'는 수양을 뜻한다고 한다. **10** 가죽·리넨·종이 등 60종의 표지 소재, 30종의 내지 용지 중에서 원하는 것을 고르고, 링과 고정 나사까지 정한 후 5분 정도 기다리면 세상 단 한 권뿐인 노트가 완성된다. **11** 16종류의 원색 중에서 세 가지 베이스 잉크를 골라 한 방울씩 섞어가며 원하는 비율을 찾는다. 비커 속에서 짙게 보이던 잉크도 막상 종이에 써보면 옅은 경우가 있으므로 세심하게 조절해야 한다.

마이토 천연 염색 잡화점__ 시간을 건강하게 물들이기

천연 염색[12] 잡화점을 순식간에 찻집으로 만들어버린 사건은 지금 생각해도 미안하다. 하지만 어쩔 수 없었다. 들어서는 순간, 내가 좋아하는 행주 삶는 냄새와 한의원 냄새를 맡아버렸으니.

천연 염색 재료 중에는 한방 약재가 많았다. 어떤 건 위에 좋고, 어떤 건 혈액 순환에 좋다. 그래, 냄새부터가 몸에 좋을 것 같아. 붉은색, 핑크색, 노란색, 보라색, 녹색, 갈색까지 타고난 색을 진하게 띤 식물들이 주를 이룬다. 내 요청에 주인은 염료로 쓰려고 끓인 노란색 물을 잔에 담아 보여주었다. 마셔보니 보리차처럼 구수하고 담담하다. 색도 마음에 든다. 몇 년 전부터 겨자색이 좋아졌다. 보고 있으면 기분이 환해진다.

이렇게 한 번, 두 번, 세 번까지 재료를 끓여서 색을 낸다. 대부분의 염료는 오래 끓일수록 색이 진해진다고 해서 끓이는 모습을 가만히 쳐다보고 있으니, 이곳의 젊은 주인 고무로 마이토(小室真以人) 씨가 "색이 더 진해지면 맛이 좀 써집니다" 한다. 내가 진한 차도 마시고 싶은 줄 알았나? 아니, 지금 맛이 딱 좋다. "다른 색깔이 나는 차는 없나요?" 하니 환하게 웃으며 답한다. "저희 가게가 찻집이 아니긴 한데… 드릴게요. 그나저나 한방차를 엄청 좋아하시나 봐요". 물론 나는 한방도, 차도 엄청 좋아한다.

염액은 끓이면서 쉼 없이 젓고 뒤집어주어야 색이 잘 풀린다. 그래서 가게 안쪽 공방에서는 언제나 염액이 펄펄 끓고 있다. 국자로 염액을 휘휘 젓는 고배우의 손놀림이 찻집 안주인 포스를 풍긴다. 장난 반, 진심 반 재미가 붙은 것 같다. 저 주인장은 참, 외모만 귀엽게 생긴 게 아니라 성격도 좋다. 고배우가 코끝을 찡긋하며 묻는다. "제가 실례를 저지르고 있는 건 아니죠? 주책바가지가 일본어로 뭐예요?"

마이토 씨는 염색의 순서를 바꾸거나 '이런 것도 색이 날까?' 하며 궁금한 재료를 테스트해보기도 한다. 스카프나 손수건 외에 양말, 야자 열매 씨앗으로 만든 천연 단추까지 이것저것 물들여보는 게 마이토 씨의 즐거움이다. 똑같은 재료와 조건 하에서 염색을 해도 과정의 순서에 따라 색이 달라지기 때문에 마이토 씨는 실험 과정과 결과를 꼼꼼히 기록하며 자신만의 데이터를 만들어가고 있다. 그 결과 색이 좀처럼 바래지 않게 하려면 천이 만들어지기 전 단계인 실 상태에서 염색해야 한다는 것을 알게 되었다고 한다. 그래서 마이토 씨는 염료 만들기부터 섬유 디자인, 옷을 만드는 과정까지 작업 전반에 참여하고 있다. 그래서일까, 자신을 "물들이고, 잣고, 뜨고, 짜고, 꿰매고, 정리하는 일을 연결 짓는 사람"이라고 소개하며 환하게 웃었다. 어쩜 저렇게 인위적인 색이 없는 자연스러운 웃음을 지을 수 있을까. 저런 것이 천연 염색의 느낌일까?

"천연 소재는 털 뭉치도 생기고 때로는 꼬이기도 합니다. 초목 염색은 닳거나 바래기도 합니다. 그러나 입을수록 내 몸과 하나가 되어가고 나에게 맞는 색이 되어 애정이 생깁니다. 그렇게 입는 사람과 함께 나이 들어가는, 그 사람의 삶과 함께할 수 있는 아이템을 만들고 싶어요." 마이토 씨의 표정이 순간 진지해지나 싶더니 "저는 천연 염색을 이어가고 있지만 일본 곳곳에 훌륭한 장인들이 많아요. 이치노미야(一宮)에서는 실을 잣고, 교토(京都)에서는 스톨을 짜고, 구라시키(倉敷)에서는 범포를 짜고, 기류(桐生)에서는 자수를 놓고, 사가(佐賀)에서는 양말을 뜨고, 아사쿠사(浅草)에서 백을 꿰매고… 이런 기술 하나하나, 정성 하나하나가 사람들에게 알려지면 좋겠습니다"라고 당차게 말한다. 그는 가끔 대구의 섬유 공장에 들르는데, 가장 자신 있게 할 수 있는 한국어는 "깎아주세요"라고 한다. 저 귀여운 표정으로 깎아달라고 하면… 좀 통할 것 같기도 하다.

12 천연 염색은 자연으로부터 얻은 재료로 실이나 천을 물들이는 것이다. 화학 약품을 쓰지 않기 때문에 공기나 물을 오염시키지 않으며, 완성된 천과 실의 빛깔이 곱다. 물론 피부 건강에도 더 좋다고 알려져 있다. 일본에서 천연 염색으로 유명한 지역은 교토와 가나가와, 도쿄가 손꼽힌다.

나카무라 티라이프__ 과거의 떫은 맛을 없애는 법

나카무라는 녹차의 본고장 시즈오카에서 100년간 찻잎을 재배해온 농가이다. 이 차 집안의 4대 손인 형제는 어느 날 티 브랜드를 만들었는데, 이것이 바로 나카무라 티라이프다. '나카무라 가문의 차 생활'이라니 멋지다! 형제의 이름은 나카무라 와타루(中村亘)와 미치오(中村倫男), 패키지 디자인은 역시나 시즈오카 출신인 니시가타 케이고(西形圭吾) 씨가 맡고 있다. 동생 나카무라 씨와 디자이너 니시가타 케이고는 어릴 때부터 친구였다.

이곳에서 파는 차는 모두 무농약 유기 재배 차다. 형제의 선친이 농약 살포 중 몸이 안 좋아지면서 1979년부터 농약 사용을 줄이다가 1983년 일부 밭에서, 1989년에는 전체 다원에서 무농약·무화학 비료로 농사를 짓기 시작해 완전 무농약 유기 재배에 성공했다. 나카무라 다원이 이런 시도를 하는 동안 수확량이 줄고, 해충의 피해를 입는 등 시행착오를 겪으니까 이웃 농가에서는 '굳이 뭐하러' 하면서 혀를 끌끌 찼다고 한다. 하지만 '차 밭이 좋으면 농약이나 화학 비료를 뿌리지 않아도 좋은 차가 나온다'는 자연의 순리를 믿고 꿋꿋하게 가던 길을 걸었다.

화장품 론칭 후 바로 떠난 여행이었기 때문일까. 이곳의 세련된 로고와 패키지가 유난히 눈에 밟힌다. 차를 담은 유리병 모양, 로고의 서체, 컬러까지 어느 하나 뒤처지는 게 없네. 병끼리 겹쳐지도록 디자인한 독특한 모양의 유리병이 제일 마음에 들었는데 가게 바로 옆 지인의 공방에서 만든 것이다. 나카무라 티라이프가 위치한 구라마에(蔵前)[13] 지역은 디자인을 하거나 자체적으로 상품을 만드는 공방이 많은 곳이라고 한다.

차 용기 겉면에 위도와 경도를 표시해 차가 생산된 밭의 위치를 알게 한 생각도 너무 귀엽다. 이 용기 덕분에 차를 이해하는 데는 많은 숫자가 필요하다는 것을 알게 됐다. 생산년도에서 밭의 위치까지, 그런 숫자들에 따라 차 맛이 달라지니까. 나카무라 다원이 운영하는 차 밭은 총 세 곳이다. 산 중턱에 있는 첫 번째 밭(여기서 수확한 차에는 'Garden No.01'이라고 쓴 라벨이 붙는다)은 이 다원에서 가장 오래되고 환경이 차 재배에 적합해 차 본래의 맛을 끌어내기 좋고, 냇물이 흐르는 산기슭에 있는 두 번째 밭(Garden No.02)은 냇가에서 올라오는 안개가 밭 전체에 대량의 수분을 공급하고 일교차가 크기 때문에 여기서 난 차는 향이 짙다. 표고가 높고 추위가 심한 장소에 있는 세 번째 밭(Garden No.03)은 새싹이 나오는 시기가 늦고 추위를 이겨내야 해서 찻잎이 강인한 것이 특징이다. 내가 맛본 차는 'Garden No.02'로 맛있는 건 당연하고, 혀끝이 빨개지고 있다고 느낄 정도로 맛이 강렬하다.

"젊은 사람 중에는 차 우리는 방법을 모르는 사람이 많아요. 주로 페트 병에 담긴 차를 마시니까요. 이곳에서는 시음도 할 수 있고, 직접 차를 우려볼 수도 있어요. 일본의 젊은이들에게 차를 알려주고 싶어서 마련했죠. 옛날 방식 그대로는 아니에요. 그보다는 차를 제대로 즐길 수 있는 방법이라고 할까요. 찻잎이 같아도 물의 온도에 따라 맛이 다르거든요. 이제, 아까 드셨던 차와 다른 방식으로 우려보겠습니다." 일종의 사명감이군. 동생 나카무라 씨와 지금 차를 대접하는 니시가타 씨, 두 사람은 시즈오카에서는 누구나 정통 방식으로 녹차를 즐기는데, 도쿄에서는 녹차가 홀대를 받는 데 충격을 받고 나카무라 티라이프를 기획하게 됐다. 젊은 사람들끼리 통하고 싶어서였을까, 하나하나 예쁘게 잘 만들었다. 그래, 커피는 기계까지 집에 들여놓고 마시는 사람도 있는데, 녹차를 마시는 사람은 점점 줄고 있는 게 사실이다. 어라? 처음에 마신 차는 쓴 맛과 구수한 맛이 모두 풍부했는데, 두 번째 잔은 순하고 원숙한 느낌이 든다. '내 말 맞지?' 하는 표정으로 니시가타 씨가 똑 부러지게 말을 이어갔다.

"물 온도에 따라 찻잎에서 나오는 성분이 달라지거든요. 같은 찻잎이어도 물 온도가 높으면 쓴 맛이 강하지요. 요즘엔 이 원리를 아는 사람이 별로 없어요." 확실히 뜨거운 물로 우린 첫 잔은 차의 성격이 느껴졌다. 물 온도가 약간 낮은 두 번째 잔은 뭉글뭉글하게 목으로 잘 넘어간다. 고온에서 진하게 우린 차를 얼음이 가득 든 피처에 부어서 내는 이 가게의 냉차가 인기 있는 이유를 알 것도 같다. 상쾌한 떫은 맛이 별미일 테지.

지나간 시간을 잘못 되씹으면 떫은 맛이 난다. 마음이 뜨거울수록 쓰고 떫다. 그렇다고 모든 일에 일부러 냉정해질 수도 없는 노릇이다. 언젠가 마음이 차가워지면 그 떫은 맛도 상쾌하게 즐길 수 있을까?

13 오래전부터 수공예가 발달한 거리로 낡은 건물 안에 작고 세련된 잡화점이나 가구점이 들어서 있으며, 한가로운 느낌의 도쿄를 느낄 수 있는 곳. 갓파바시 거리, 아사쿠사 일대와 가까워 함께 둘러보기 좋다.

"물 온도에 따라 찻잎에서 나오는 성분이 달라지거든요.
같은 찻잎이어도 물 온도가 높으면 쓴 맛이 강하지요.
그런데 온도에 따라서 맛이 달라진다는 것을 아는
사람은 별로 없어요."

R's
Shopping Bag

애착이 가는 '결' 있는 소재

어떤 결이든 소중히 대해달라는 마음이
느껴진다. 때론 그 결을 내 마음
가는 대로 길들인다. 그래서 난 결이
있는 소재가 좋다. 내가 아는 한 도쿄는,
결 있는 물건이 가장 풍요로운 도시다.

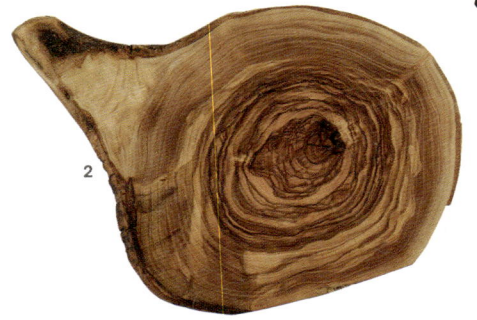

나무의 결은 자유롭다

소나무, 삼나무, 은행나무, 단풍나무, 박달나무,
편백나무, 미루나무…. 나무는 어느 하나 결과
향이 같은 것이 없다. 나무의 가장 큰 매력은
포용력이다. 나무는 무엇이든 품을 준비가 되어
있다. 곡선도, 직선도 나무 안에서는 다 예쁘니까.
이번 여행에서 발견한 나무 소재 디퓨저는
나무의 새로운 매력을 알려주었다. 오일을
머금어 자연스레 색과 향이 변한 나무란
얼마나 멋스러운지…. 그래서 나무 소재는
다소 볼륨감 있게 즐기는 것이 난 좋다.

1 호쿠로쿠 소스이의 원목 디퓨저 2 바바그리의 나무 도마
3 구무 도쿄에서 구입한 나무 트레이들

메탈에도 결이 있다

난 메탈 소재를 좋아한다. 그중에서도 스테인리스, 알루미늄에 열광한다. 반짝반짝한 표면의 그 청결한 느낌이라니! 특히 스테인리스는 좀처럼 녹이 슬지 않는 데다 흠집도 잘 나지 않는다. 그 단단함도 마음에 든다. 거칠 것 없어 보이는 스테인 리스에도 결이 있다. 그래서 닦을 때는 결대로 닦아주어야 오래, 잘 쓸 수 있다.

1 호쿠로쿠 소스이의 액체 방향제 2 호쿠로쿠 소스이의 케이스 3 구무 도쿄의 철제 걸이 4 놋쇠(황동) 소재로 만든 미도리의 필통 5 나카가와 마사시치 상점의 캔디들 6 나카가와 마사시치 상점의 현미차 7 아주 커다란 통에 들어 있는 캠벨 티 8 에디트 라이프에서 산 메탈 케이스 향초

흐트러짐 없는 솔의 결

물걸레 종류도 많고 진공청소기도 확실한 요즘 세상, 더 이상 솔빗자루로 바닥을 쓸거나 먼지떨이로 문 틈 사이 먼지를 털어내는 일이 흔하지 않다 해도, 우리는 여전히 '솔질'을 하며 살아간다. 칫솔질, 구둣솔질, 옷솔질, 유리병 솔질⋯. 슥삭 슥삭, 뽀드득 솔질을 하면 영혼까지 맑게 닦이는 느낌이 든다. 그래서 솔은 천연모로 만든 것이 좋다. 단단함 가운데 부드러움이 있어야 하고, 흐트러짐 없이 솔이 풍성해야 하니까. 그래야 이를 닦아도, 싱크대를 박박 닦아도, 유리병을 닦아도, 옷의 먼지를 털어도 개운하다. 이번엔 일본에서 100년을 이어왔다는 솔을 발견했다. 깐깐함이 보통이 아니다.

1, 2, 3 나카가와 마사시치 상점에서 구입한 수세미. 맨 아래 제품은 100년 역사의 가메노코 수세미이다. 4 솔이 제대로인 에디트 라이프의 빗자루

종이와 천의 엄격한 결

종이와 천도 직조 기계에서 나온 방향대로 결이 잡힌다. 결을 따라야 잘 접히고, 잘 꺾이고, 잘 말린다. 종이를 접거나 꺾을 때 접힌 부분이 터지거나 뜨고 갈라지는 이유는 결에 맞지 않아서이다. 한동안, 그리고 요즘 들어 다시 동대문에서 천을 사다가 가방을 만드는 데 재미를 붙였는데(물론 나는 디자인만 제시, 재단과 바느질은 전문가에게!), 해보고 알았다. 천에도 분명 결이 있고, 결대로 디자인해야 가방 하나라도 핏이 예쁘게 나온다는 것을. 이번 여행에서는 아름다운 천과 종이를 넉넉히 구했다. 집에 돌아가면 무얼 만들어볼까. 마음이 든든하다.

1, 2 박스앤니들의 아름다운 문양이 돋보이는 종이들 3. 4. 7. 8 이번 여행에서 구입한 머플러와 숄 종류들. 겨울이 든든하겠다 5 코시라엘의 100% 실크 스카프 6 도톰해서 더욱 포근한 담요 9, 11, 12 레이스와 수예 물품들 10 담백한 색의 손수건 13 언젠가 여행 중 구입한 가죽 안경집

PART 5

조후시
調布市

이제 새로운 이야기를 찾아서

능동적인 기운이 있는 사람과 함께 시간을
보낼 때는 에너지가 샘솟는다. 서로를
존중하고 배려하고 함께 아름다움을 느끼기
때문이다. 더군다나 이 모두가 계획한 일이
아니므로 그 순간이 마냥 좋다. 그림책을
넘기면서 책 속에 함께 서 있다 나오고,
다음 장을 넘겨 다시 함께 손잡고 들어가는
느낌이라고 하면 이해가 될까. 작은 것이라도
새로운 이야기가 있는 곳에 가면 나는 힘이
난다. 어떤 날은 운 좋게도 하루종일 그런
곳에만 가게 된다. 그것이 여행의 묘미다.

you know it's you
i'm talking to

최근 소설을
다시 읽기 시작했다

S to ry
+

Back to the
real life

마흔 살이 되면서 다시, 타인의 이야기로
들어갈 수 있게 되었다.

한동안 소설을 전혀 읽지 않고, 내리 인문학
도서만 읽었다. 이유는 단순했다. 순서대로 읽지
않아도 되니까. 목차에서 마음에 드는 대목을
찾아 그 부분만 읽기도 했다. 그렇게 정보성 지
식에 빠져 지내던 중 문득 시가 좋아졌다. 그러
다 마흔 살이 되면서 다시 소설, 그러니까 타인
의 '이야기'로 들어갈 수 있게 됐다. 그리고 그 이
야기 안에서 쉴 수 있게 됐다.

대학교 1학년 때인가, 밤 10시부터 자정까지
라디오 DJ를 했다. 매일 네 팀의 게스트를 맞아
야 했는데 6개월쯤 지났을 때 담당 PD님이 "너,
인터뷰를 좀 하는 것 같은데? 그 재능을 특화해
보는 건 어때?"라고 말을 건넸다. 그 말을 들은
건 조용필 선배님이 초대손님으로 온 후였던 것
같다. 조용필 선배님은 말수가 적어 인터뷰하기
가 꽤 까다로운 분으로 정평이 나 있었다. 그런
데 우리 프로그램에서는 처음부터 끝까지 줄곧
웃고 즐겁게 이야기를 하셨으니….

그때나 지금이나 밝고 긍정적인 기운을 가진
사람을 만나면 나도 모르게 이것저것 궁금해지
고, 듣고 싶은 이야기가 많아진다. 이야기는 언
제나 재미있다. 그리고 사람이 살아가는 이야기
는 작은 것 하나라도 흥미진진하다. 이번 여행
이 그런 나의 기질에 불을 붙인 걸까? 지금부터
인터뷰 형태로 곳곳에서 나와 사람들이 나눴던
이야기를 적어보려 한다.

데가미샤__ 나누지 않고는 견딜 수 없는 이야기쟁이들

'손편지 회사'라는 이름을 가진 데가미샤(手紙社)에 대해 서울에서 처음 듣는 순간부터 대체 어떤 사람이 이런 숍을 만들고, 어떻게 가게를 이끌어가는지 궁금했다. 데가미샤는 '오늘의 편지'라는 사이트를 운영하면서 핸드메이드로 작업하는 아티스트들과 함께 다양한 활동을 하는 곳이다. 참신한 기획이 많은데, 크게 세 가지로 나눌 수 있다. 첫째, 아티스트와의 협업을 통해 서점과 카페와 수예점을 운영하고, 둘째 〈모미지이치[14] 100인의 아티스트展〉와 아티스트들의 벼룩시장 〈노미노이치(蚤の市)〉를 비롯해 〈굿 푸드 마켓〉, 〈브레드 페스티벌〉 등 다양한 축제를 기획하고 주최하며, 셋째 〈레터스(LETTERS)〉 등의 독립 간행물을 기획하고 출판한다. '설레는 일, 기분 좋은 일'은 몽땅 다 하는 샘 나는 곳이다.

그러나 막상 얼굴을 마주하니 생각했던 이미지와는 달리 굳은 표정의 오너, 기타지마 이사오(北島勳) 씨. 잡지 에디터 출신이라고 들었는데, 혹시 약속 시간에 늦었다고 화가 난 걸까 싶어 신경이 쓰인다. 알고 보니 조금 긴장한 탓이었고, 인터뷰를 진행하면서 그가 꾸밈 없는 성격의 소유자라는 걸 알 수 있었다. 다행이다. 이곳을 연결해준 세소코 씨는 기타지마 씨의 후배였고, 데가미샤에서도 근무했다고 들었다.

데가미샤는 2015년 4월 〈레터스〉라는 예쁜 잡지를 창간했다. 일러스트레이션, 크래프트, 카페, 잡화, 텍스타일, 사진, 인쇄물, 타이포그래피 등 지금 데가미샤 주변에 존재하는 '아름다운 표현의 집합체'를 모든 방법을 동원해 소개하는 재미있는 잡지다. 레터스의 뜻은 물론 두 가지다. 하나는 편지, 또 하나는 알파벳. 그래서 이 잡지는 A부터 Z까지 총 26개의 테마로 구성돼 있다.

14 올해로 11회째를 맞이하는 〈모미지이치〉는 도쿄의 다마가와 강변에서 열리며 도예가, 텍스타일 디자이너, 일러스트레이터, 에세이 작가, 카페 주인, 농부 등 다양한 분야에서 활동하는 사람들이 참가한다. 2015년에는 무려 116개 팀이 참가했다. 데가미샤는 최근 타이완, 미국의 포틀랜드에서 팝업 이벤트를 여는 등 해외 아티스트와의 교류 활동을 활발하게 펼쳐나가고 있다. 숍은 데가미샤 쓰쓰지가오카 본점, 데가미샤 세컨드 스토리, 데가미샤 수예점 '뜨와(trois)', 책과 커피 공간 등이 있다.

K 〈레터스〉라는 잡지는 어떤 계기로 만들게 됐나요?

I 그동안 책 만드는 일을 꾸준히 해오면서 늘 '잡지를 만들어 보고 싶다'고 생각해왔습니다. 2008년 데가미샤라는 가게를 만들면서 드디어 실천하게 된 거죠.

K 많은 일을 하시는데, 그중 가장 재미있는 일은 뭘까요?

I 결국은 세 카테고리가 다 '편집'이라고 생각합니다. 우리가 참 좋다고 생각하는 것을 숍이나 이벤트, 행사, 잡지 등 다양한 매체를 통해 알리고 있는 거죠.

K 편집을 중요하게 생각하시는군요.

I 예를 들어, 이벤트나 행사를 할 때 신청을 받아 참가자를 모집하는 경우가 많은데 데가미샤의 방식은 다릅니다. 우리가 직접 골라서(편집) 섭외하는 형식으로 진행하지요. 대신 우리의 취향이 그렇게 대중적이지는 않기 때문에 우리와 같은 '행성'에 사는 사람들에게 행복을 줄 수 있는 것들을 고려하려고 노력해요. 일본 안에도 한류를 좋아하는 행성이 있는가 하면 쟈니스를 좋아하는 행성, 데가미샤를 좋아하는 행성이 모두 있을 거예요. 우리와 같은 행성에 사는 사람들이 데가미샤에서 하는 뭔가를 보고 "인생 좀 재미있네?"라고 느끼게 해주고 싶습니다.

K 더 재미있는 행성도 있을까요?

I 있겠지만 그런 곳은 닿기 어려운 게 아닐까요? 우리가 여는 카페나 축제는 일상생활에서 조금만 옆으로 발을 디디면 느낄 수 있는 행복이라고 보면 됩니다.

K 요즘 비슷한 취지의 장소가 한국이나 일본에서 많이 생기는 것 같던데요?

I 네, 그런 것 같아요. 다만 우리는 물건이나 작품만 소개하지는 않아요. 만드는 사람과 그 사람이 만든 작업물, 또 어떻게 하면 사람과 물건을 더 잘 소개할지를 끊임없이 고민하는 집단입니다. 그래서 같이 만들어간다는 느낌이 있죠.

K 혹시 이것 말고도 정말 하고 싶은 일이나 좋아하는 일이 있나요?

I 아티스트들을 세계 무대에 소개하는 것입니다. 올해 타이완과 포틀랜드[15]에서 팝업스토어를 열었어요. 내년에는 홍콩과 핀란드에서도 해볼 예정이에요.

K 함께 일하는 아티스트에게 실망한 적은 없나요? 그럴 때는 어떻게 하나요?

I 막상 함께 일을 하다 보니 '좀 아니네?'라고 생각되는 경우도 있었어요. 대부분 아티스트가 유명해지면서 일에 집중하지 못했기 때문이죠. 그럴수록 저희가 더 열심히 해야죠. 아티스트들이 열정을 다해 작업하고 좋은 결과가 나올 수 있도록 돕는 것이 우리 역할이니까요.

나도 우리가 아티스트를 잘 '소비'해야 한다고 생각한다. 그래서 아티스트의 작품으로 숍을 운영하거나 전시회를 여는 기획자의 경우, 아티스트를 소비한다는 것에 대해 어떻게 생각하는지 궁금하던 차였다. 특히 작품은 너무 좋은데 알려지지 않은 아티스트, 반대로 작품은 별로인데 너무도 잘 알려진 아티스트를 어떻게 잘 소비할 수 있을까 궁금하던 차다. 물론 해답을 단번에 찾아내기는 어려울 것이다. 나는 앞으로의 여행 내내 그 답을 묻고, 찾고, 두드려야 할지 모른다.

자기가 하고 싶은 일을 하는 건 의외로 쉽다. 하고 싶은 일이 아니라 하지 말아야 할 일에 바짝 촉을 세워야 한다. 그렇지 않으면 나도 모르게 해서는 안 되는 일, 하지 않아도 될 일, 굳이 관심 보이지 말아야 될 일들에 휘말리게 된다. 화장품 브랜드를 론칭하면서 꼭 해야 하는 일에 집중해서 결과물의 질을 높이고, 안 해야 되는 일은 매섭게 빼내는 게 잘 될까 걱정이 많았는데, 어찌어찌 해나가고 있다. 나 자신이 완벽한 소비자가 되어 재료부터 패키지까지 깐깐하게 고르고 거품을 뺄 수 있는 데까지 뺐다. 화장품을 소비하는 사람들과 가장 합리적인 것을 공유하고 싶기 때문이다. 결코 쉽지 않은 내 바람이 잘 이루어질까 내내 궁금했는데, 기타지마 씨와 이야기하면서 걱정을 많이 덜어냈다. "버리는 것, 커트해버리는 것이야말로 용기가 필요한 일인데, 대단하시네요."

평소 이런 일은 칭찬받아 마땅하지 않냐고 농담처럼 주변에 말했지만, 막상 기타지마 씨가 칭찬해주자 기쁜 한편 머쓱하다.

15 포틀랜드(Portland)는 미국 북서부 메인 주에 있는 도시다. 면적은 메인 주에서 가장 크지만 시내 인구 6만, 도시권 인구도 50만밖에 안 되는 여유로운 도시다. 스티브 잡스가 다닌 리드대학교와 세계 최대 중고 및 신책 서점인 파웰스 시티 오브 북스(Powell's City of Books)가 있다. 장미 정원이 많아 '장미의 도시'라는 별명을 가졌으며, 미국에서 가장 걷기 좋은 도시로 선정된 바 있다. 2001년에 신설한 노면전차 덕분에 대중 교통이 편리하고, 인구 1인당 서점 수가 미국 전역에서 가장 많고, 레스토랑은 시애틀과 샌프란시스코 다음으로 많아 미국에서 '젊은이들이 살고 싶은 도시 1위'로 꼽히기도 했다. '이웃과 함께 하는 여유로운 삶'이라는 유행을 세계 전역에 퍼뜨린 매거진 〈킨포크(KINFOLK)〉가 태어난 곳이기도 하다.

아티스트는 고통도 크지만, 기쁨 또한 큰 직업이다. 아프고 힘들 때도 나눌 이가 필요하고, 기쁨을 함께 나눌 이도 꼭 필요하다. 그런데 생각해보면 그들이 '키키키키' 배꼽을 쥐고 편하게, 또 맘껏 웃을 장소가 별로 없다. 집과 작업 공간 말고, 여럿이 모여 웃고 떠들 곳이 있으면 좋지 않을까? 그런 면에서 데가미샤의 사랑을 받는 아티스트들은 좋을 것 같다. 부. 럽. 다.

I 오키나와 여행을 다룬 〈고현정의 여행, 여행〉을 어떤 분들이 보셨을까 궁금했습니다. 여자분들이 많이 보겠죠?

K 제가 연기 외에 하는 일에 대한 반응군을 살펴 보면 대략 두 집단이 있지 않나 싶어요. '연기나 하지 또 뭐하는 거야?' 하는 분들과 '고현정이 좋다고 하면 좋은 거 아닌가?' 하고 따라와주시는 분들. 아무래도 후자에 속하는 분들이 보셨겠죠?

기타지마 씨에 의하면 일본 여배우 중에는 아직 자신의 취향과 삶의 방식을 직접 상품으로 만들어내는 이가 없는 것 같다고 한다. 고배우는 그저 꾸벅 인사만 한다. 하긴 이런 말을 들었다고 "그럼 앞으로 무엇을, 어떻게, 더 잘해볼까?"라고 말할 사람이 아니다. 아마 기타지마 씨의 말을 고이 넣어두었다가 우선은 자기 안에서 '사색'이라는 소금으로 푹 절일 것이다. 그리고 적당히 야들야들해지면 꺼내서 혼자서 맛을 보고 양념을 하고 또 맛이 들 때까지 저장을 해둘 것이다. 그래서 맛있는 음식이 되면 그때 조심스레 꺼내놓겠지. 진짜 좋은 것은 익는 데 시간이 많이 걸린다는 것을 알기 때문이다. 부러움과 진지함이 뒤섞인 듯한 그녀의 표정을 보면서, 이 사람이 다음에는 또 무엇을 만들어낼까 궁금해진다.

가타카타__ 고래 한 마리의 속삭임

마쓰나가 타케시(松永武)와 다카이 치에(高井知絵), 멋쟁이 커플이 운영하고 있는 가타카타는 염색 작업실이다. 두 사람은 주로 가타조메(型染め, 무늬 틀을 만들어 완성하는 염색 기법) 방법으로 동물, 곤충, 식물, 풍경 등 일상에서 볼 수 있는 모든 것을 모티브 삼아 디자인한다. 디자인의 중심은 '이야기'이다. 밑그림을 그릴 때부터 '이야기한다'라는 생각으로 작업한다. 이렇게 그린 자신들의 이야기에 완성된 원단을 사용하는 사람들의 이야기가 더해져 시간이 갈수록 이야기가 풍성해지길 바란다. 작년 오키나와에서도 유독 예쁘게 사는 부부를 많이 만났는데, 올해도 부러운 커플 한 쌍 추가다. 마침 찾아간 날은 고릴라를 주제로 한 작업이 한창이었다.

일본의 전통적인 염색 기법인 가타조메는 이번에 처음 접하게 되었는데, 그림책 같이 예쁜 공간에 들어가 그림 같은 사람들과 어울려 한 판 재미있게 놀다 온 느낌이다. 가타조메 염색을 하려면 먼저 천 위에 밑그림을 따라 칼로 오려낸 형지(틀)를 놓고 찹쌀과 쌀겨로 만든 걸쭉한 풀을 꼼꼼히 발라야 한다. 풀이 반짝반짝하니 참 예쁘다. 바르는 느낌은 식빵에 땅콩 버터를 바를 때처럼 다소 뻑뻑하다. 그래도 힘껏 평평하게 발라야 한다. "처음 하는 거 맞아요? 재능이 있는 것 같은데, 내일부터 여기로 출근하실래요?" 다카이 씨가 두 눈을 동그랗게 뜨고 농담을 던진다. 나야 좋지. 엄지와 검지로 큰 'OK' 사인을 만들어 보내며 윙크를 하니, 주변에서 깔깔거리며 난리다. 풀을 다 바르고 나면 원단에서 천천히 형지를 벗겨낸다. 이때 형지를 높이 들어올릴 수 있을 만큼 큰 키가 도움이 됐다. 그러는 나를 바라보던 여주인이 귀여운 함박웃음을 짓는다. 이 부부와 나, 세 사람 중 내가 제일 키가 크다. 길게 늘어놓은 원단 위에 앞의 과정을 몇 번 반복하면 패턴이 있는 원단이 만들어진다. 풀칠이 끝나면 원단을 천정에 걸어 말린다.

가타조메 작업은 날씨에 매우 민감하다. 비오는 날은 풀이 잘 마르지 않고, 너무 바싹 말리면 풀이 깨진다. 매일매일의 날씨를 세심하게 관찰한 후 작업 과정을 조절해야 한다. 풀이 센베처럼 바짝 마르면 솔로 풀가사리를 바른다. 그래야 색을 입힐 때 번지지 않는다. 풀가사리가 마르면 이번에는 솔로 염료를 바른다. 그러면 풀이 있는 부분은 색이 물들지 않는다. 염료가 마르면 탈색 방지 처리를 하고 찜기로 30분 정도 쪄서 색깔을 정착시킨다. 마지막 단계로 하룻밤 원단을 물에 담가두면 풀이 부드러워져 쉽게 떨어진다. 풀을 깨끗이 씻어낸 후 다시 원단을 널어 말리면 완성. 이렇게 완성한 원단은 잘라서 손수건이나 머플러, 테이블보로 쓰기도 하고, 패션 브랜드와 컬래버레이션해서 옷을 만들기도 하고, 그림처럼 벽에 걸기도 한다.

벽에 거는 판화 작품은 처음부터 한정 수량만 만든다. 그리고 그림마다 시리얼 넘버를 매겨둔다. 엄밀하게 얘기하면 손으로 직접 작업하기 때문에 같은 문양이라도 미묘하게 색이 다르다. 그래서 작품이다. 갑자기 다카이 씨가 2015년 캘린더를 가져왔다. 형지를 따로 보관한 것과 풀만 칠한 것, 그리고 색을 입힌 것을 한 종씩 기념으로 갖고 있는 듯했다. "우와!" 보자마자 모두가 탄성. 양띠 해인 2015년 달력의 주인공은 당연히 양이다. 그런데 이 달력에서는 양이 매달 조금씩 홀쭉해지다가(털이 실로 변하면서 홀쭉해지는 것) 12월에는 한 뭉치의 털실로 변한다. 이런 귀여운 이야기를 더 귀여운 그림으로 만들다니, 가뜩이나 달력을 좋아하는 나로서는 좋아 미치겠다.

가타카타를 대표하는 문양은 하늘을 날고 있는 듯한 고래, 고릴라와 나무늘보, 두더지와 지렁이, 말똥구리와 똥(내 것도 이랬으면 좋겠다), 그리고 일본 시골에서 볼 수 있는 볏짚과 세잎클로버 가득한 밭 등 다양하다. 세잎클로버 밭에는 4개의 네잎클로버가 숨어 있다. 어디 있을까? 나는 벌써 하나, 두 개를 찾았지. 여러 문양 중에서 "뭐가 가장 예뻐요?" 하고 물었더니 다카이 씨가 허밍버드를 가리킨다. 아, 겨자색이 숨어 있어 더 예쁘다. 어라? 나는 그 위의 것이 좋은데? 돼지인 줄 알았더니 늑대였어? 역시 난 여자다.

밑그림을 그릴 때부터 '이야기한다'라는 생각으로
작업한다. 이렇게 그린 자신들의 이야기에
원단을 사용하는 사람들의 이야기가 더해져
시간이 갈수록 이야기가 풍성해지길 바란다.

가타카타 공방은 데가미샤와 함께 최근 포틀랜드에서 가타조메 염색 워크숍을 하고 돌아왔다. 이런 작업을 하는 분들 사이에서 계속 포틀랜드라는 지명이 거론되고 있다. 이유를 들어보니 최근 도쿄와 포틀랜드가 자주 연결되고 있으며, 도쿄에서는 포틀랜드의 인기가 구체적으로 드러나고 있다고 한다. 포틀랜드는 '미국 젊은이들이 살고 싶은 도시 1위'로 꼽혔다고 하는데 독립 아티스트들이 많이 모이면서 오가닉 라이프, 소셜 다이닝이 풍부하게 이루어지고 있는 듯하다. 한동안 뉴욕의 소호와 첼시가 그랬듯이.

여주인의 아버지는 시즈오카에서 쪽을 이용해 인디고 컬러로 염색을 하시는 분이라고 한다. 그리고 1980년생 동갑내기 두 사람은 대학 때 만나서 같이 공방을 하다가 결혼을 하게 됐다. 설마 두 사람 다 첫사랑? 그러자 동시에 "아니요!"를 외친다. 에너지의 파장이 들쑥날쑥 잘 맞는 두 사람 덕에 이곳엔 유쾌한 웃음이 떠나지 않았다.

이 지면은 종이와 박스 전문점 박스앤드들과 가고시마 마코토 씨가 함께 디자인한 종이로 꾸몄습니다.

1

2

3

K's
Shopping Bag

'겹'겹이 이야기가 있는 물건들

이번에 도쿄에서 발견한 물건들을 보니 각각의 이야기, 나누었던 대화가 다시 떠오른다. "시계가 아니라 시간을 즐기게 만들고 싶다"던 아틀리에 코인, 금 간 그릇도 다시 보자던 인쿄, 나의 이공계 기질을 마구 끌어올려 생활공업품(?)을 사게 만든 에디트 라이프까지… 보석으로 보이는 사탕도 있었다. 주얼리와 같은 달콤한 디저트를 만드는 전문가의 작품으로 그대로 먹어도 되고 따뜻한 물에 넣으면 홍차가 되기도 한다. 에디트 라이프의 마쓰오 히토시 씨와 인터뷰를 하다가 마침 하라주쿠의 빵 가게에서 플리마켓이 열린다는 이야기를 듣고 찾아가 구입했다. 인연이 인연으로, 물건을 통해서도 이어진다.

4

1 시네카(CINECA)의 꽃 캔디 2 에디트 라이프에서 구입한 나무 염색제 3 시네카(CINECA)의 설탕과자 4 너무 맛있는 수퍼 레몬 캔디. 요즘은 서울에서도 살 수 있긴 하던데…. 5 하이타이드의 아웃도어용 타프백 6 아틀리에 코인의 탁상시계 7 인쿄에서 구입한 컵 8 스윔슈트에서 구입한 병따개 9 망고나무로 만든 향 접시 10 에디트 라이프에서 구입한 유성 왁스 11 색깔 배합이 예쁜 가죽장갑 12 아틀리에 코인의 벽시계 13 롯본기 힐즈에서 산 밀크잼 14 아틀리에 코인의 시계 목걸이 15 에디트 라이프에서 구한 작업 키트

PART 6

긴자, 간다, 아사쿠사
銀座, 神田, 浅草

곁에 있고 싶은 친구들을 얻다

애매한 친구보다 확실한 적이 훨씬 낫다.
이미 앞에서 몇 번이나 등장한 '똘래'는
우리 관계를 묻는 사람들에게 매번 비슷한
설명을 한다. "제가 무슨 말도 안 되는
일을 저질러도 현정 언니는 '똘래야, 언니가
있으니까 괜찮아. 걱정하지 마'라고 말해줄
것 같아요." 이 정도 키에 이 정도 포스면
그런 느낌을 줄 수 있지. 지금부터 똘래의
정체를 공개할 예정이다. 똘래는 내가 곁에
있고 싶은, 평생의 친구이자 동생이다.
여행이란 참 묘한 것, 오늘 처음 만난
사람에게서도 영혼의 짝이라는 느낌을
받을 때가 있으니.

I Still Haven't
Found What I'm look

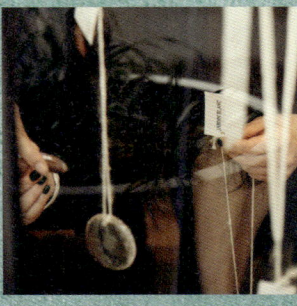

빛과 어둠 사이,
그림자라는 친구

so u e
+
are you so
different to me?

사람과 사람, 물건과 물건, 사람과 물건이 엮여서
세상의 많은 것들이 이루어진다.

어려서 친자매처럼 함께 자란 똘래는 하도 똘똘하고 공부를 잘한다고 똘래 외할머니께서 지어주신 애칭이다. 우리 엄마와 똘래 어머니는 중학교 때부터 서로의 베스트프렌드. 결혼을 하고 나서도 옆집에 붙어 살 정도로 우정이 각별했다. 게다가 똘래가 세 살 때부터 똘래 아버지께서 1년에 반은 해외에 나가 계셨던 덕분에 양쪽 집의 아이 넷은 더욱 붙어 살게 됐다. 우리는 태어날 때부터 그냥 '가족'이었다.

똘래 아줌마는 대낮에 야구중계 보는 걸 좋아하셨고, 미국에서 그래미 시상식이나 오스카 시상식이 있다고 하면 현지 시간에 칼같이 맞춰 TV를 켜는 분이었다. 그러다가 똘래나 똘래 오빠가 소풍을 간다고 하면 김밥을 싸주는 대신 학교 앞에서 프라이드 치킨을 사 가라고 1000원, 2000원을 쥐어주셨다. 그 모습이 난 왜 그렇게 멋있고 쿨하게 보이던지. 평소 시어머니를 모시고 살면서 삼시세끼 거르지 않고 밥과 반찬을 새로 하고 있으니 소풍이라고 특별히 김밥까지 싸고 싶지는 않다는 것이었다. 반면 우리 엄마는 김밥을 싸기 위해 밤을 새시곤 했다. 단무지 하나도 사서 쓰는 법이 없고 무를 사다가 치자물을 들여 직접 만드셨다. 똘래는 나의 그런 엄마를 부러워했다.

"현정 언니는 우리 두 집, 네 아이들(나와 내 남동생, 똘래와 똘래 오빠) 사이에서 줄곧 대장이었어요. 저희 오빠가 언니보다 한 살이 더 많은데도 그냥 언니가 첫째였어요. 키도 제일 컸고요. 엄마들이 함께 외출하실 때는 현정 언니 손에 돈을 딱 쥐어주셨어요. 동생들 잘 보라는 거죠. 그러면 언니가 우리를 데리고 나가서 떡볶이랑 냉면을 사 먹이고, 집에 돌아와서는 목에 수건 둘러서 씻겨주고, 숙제도 봐주고 그랬죠. 언니는 어릴 때부터 너무 참을성이 많아서 저희 친할머니는 '애어른'이라고 부르셨어요. 어른들 말씀을 거스르는 언니는 본 적이 없어요."

똘래가 이번 여행의 관찰자 옥양에게 들려주는 우리의 어린 시절 이야기는 흡사 연속극 줄거리 같았다. 돌이켜보면 그때 내 인생이 좀 억울하기는 했다. 엄마처럼, 이모처럼 아이들을 챙기고 먹이고 봐주는데, 나도 사실은 같은 여덟 살, 알고 보면 아홉 살이었다. 게다가 사촌 동생들의 〈탐구생활〉을 얼마나 해줬는지. 내 인생에서 부모님 말씀을 처음 거스른 일이 이혼일 정도다.

그 시절에도 나만의 즐거움은 있었다. 똘래네 집에는 음악을 좋아하시는 똘래 아빠가 사놓으신 좋은 전축이 있었는데, 외국에 다녀올 때마다 좋은 음반까지 구해오곤 하셨다. 그걸 듣는 재미가 참 쏠쏠했다. LP판을 걸어두고 자면서 듣기도 했다. 아이들은 그릇을 깨고 마당을 뒤집으며 놀기 바빴지만, 당시에 나는 나나 무스쿠리에 푹 빠져 있었다.

"언니는 우리와 확실히 달랐어요. 항상 조용하고 혼자 뭘 적는 걸 좋아하고. 집에서는 거의 침대에 누워 있었어요, 몸이 약해서. 코피도 많이 쏟고, 길거리에서 픽픽 쓰러지고, 햇빛 보면 쓰러지고. 저 심심할까봐 겨우 맞춰준다고 하는 일이 만화책 빌려와서 둘이 나란히 엎드려 보는 거였어요." 지금도 그 제목들이 기억에 선하다. 〈굿바이 미스터 블랙〉, 〈아카시아〉, 〈아누스데이〉, 〈베르사유의 장미〉…. 그러다가 똘래네는 똘래가 중학생 때쯤 필리핀으로 이민을 갔다.

내가 일생 똘래에게 잘해야겠다고 생각하는 이유는 따로 있다. 이혼 후 내가 스스로를 감당하기 힘들었을 때, 똘래는 하던 일을 모두 접고 3년 동안 오롯이 나와 함께 사는 일에 몰두했다. 설사 피를 나눈 친자매라도 쉽지 않은 일이라는 것을 나는 잘 알고 있다. 그래서 죽을 때까지 똘래에게 잘하려고 한다. 다행히 우리는 음식 취향이 잘 맞는다. 면 음식은 다 잘 먹는데, 그중에서도 파스타를 좋아하고, 태국 음식과 인도 카레도 좋아한다.

유일한 차이점이라면 똘래는 고기와 술을 좋아한다는 것이다. 같이 살 때 일이다. 똘래가 조용히 다가와 쭈뼛대며 말했다. "언니, 나 잠깐 나갔다 올게.", "어딜 가니? 가지 마." 그러자 똘래의 눈빛이 살짝 흔들렸다. "저, 언니, 나 잠깐 고기 좀 먹고 올게." 참고 참고 참다가 옛 회사 직원과 불판에 지글지글 고기를 구워먹자고 약속을 했다는 것이다. 그때 똘래의 표정은 마치 탈옥하는 죄수처럼 간절했다. 영화 제목은 〈고기를 향하여〉. 그 후로 똘래는 일주일에 한 번씩 탈출을 감행했다. 고기와 소주를 향하여. 하루는 비가 올까 말까 하는 우중충한 날이었는데, 똘래가 가만히 창문을 보다가 "언니, 우리 소주나 한 잔 할까?" 하는 것이다. 나는 마음을 알면서도 툭 던졌다. "집에서 여자끼리 술을 왜 먹니? 아니, 비 온다고 술을 왜 먹니? 이상하다, 애." 지글지글 구워먹는 고기와 비오는 날의 소주 한 잔을 좋아하는 애가 나랑 살면서 얼마나 심심했을까. 그렇게 빛이고 어둠인 듯, 서로가 다른 듯도 했지만 똘래가 같이 있어서 나의 힘든 시간들은 비로소 흘러갈 수 있었다.

빛과 어둠 사이의 기억은 그림자를 남긴다. 지금부터 시작하는 이야기는 똘래 언니가 나에게만 살짝 들려준 것이다. "말은 저렇게 해도 그날 제가 딱해 보였나 봐요. 그러더니 '내가 같이 마시는 건 좀 그렇고, 집에 소주가 없으니까 같이 우산 쓰고 편의점에 소주 사러 가자'라고 하더라고요. 그래서 둘이 같이 우산 쓰고 가서 소주를 사왔어요. 그러고는 본인은 안 마시면서 내내 저랑 대작을 해줬어요. 전 그게 참 좋았어요. '너 마시고 싶으면 나가서 사와'라고 할 수도 있는데, '고현정'이랑 내가 비오는데 우산을 쓰고 나가고. 그렇게 같이 산 3년이 저도 참 좋았어요."
아무리 그래도 인생의 황금기인 삼십 대 초반에 신나게 하던 일과 좋아하는 고기와 소주까지 포기하고 누군가의 곁에 가만히 있어주는 삶은 상상이 되지 않는다. 피를 나눠도, 법적으로 한몸으로 묶여도 분명 쉽게 감행할 수 있는 일은 아니다. "어릴 때부터 자연스럽게 네 거, 내 거 없이 나누는 걸 배운 것 같아요. 제겐 언니가 가장 힘든 상황을 겪을 때 곁에 있어주는 게 당연했어요. 두 번도 고민 안 하고 바로 사표를 냈어요."
마침내 3년의 시간이 흘러, 고배우는 자연스럽게 방송에 복귀했고, 똘래 언니도 다시 사업을 시작했다. 어렸을 때야 친남매처럼 함께 자랐다지만, 중간에는 떨어져 지낸 시간이 많아서 다시 만났을 때 어색하지 않았을까? "저도 그럴 줄 알았는데 아니더라고요. 언니가 어떤 사람이라는 걸 알기 때문이겠죠." 빛과 어둠 사이의 기억은 그림자를 남기지만, 빛도 어둠도 그림자를 오해하지 않는다. 부럽다. 진심으로. 찰리 브라운과 스누피 이상으로.

구무 도쿄 ___ 친구와 친구들의 연결고리

구무(組む)라는 단어는 '(실로 천을) 짜다', '연결', '일본의 전통 매듭'을 뜻한다. 같은 이름의 이 가게는 사람과 사람, 물건과 물건, 사람과 물건이 엮여서 세상의 많은 것이 이루어진다는 깨달음을 담고 있다. 몸에 지니거나 피부에 닿는 것, 공간에 두는 물건들, 손과 발의 연장선상에 있는 도구들까지…. 구무 도쿄의 물건들은 쓰임새가 다양하다.

오너인 고누마 노리코(小沼のりこ) 씨는 "옛 것을 익히고 그것에 미루어 새 것을 안다는 온고지신(溫故知新)의 지혜와 만드는 사람이 불어넣는 이야기에 감명을 받게 되면, 물건을 아끼게 될 뿐 아니라 일상의 소중함까지 깨달을 수 있다"라고 구무 도쿄의 모토를 소개했다. 그래서 처음에는 친구와 장인들이 만든 생활용품을 선보이다가 영역을 넓혀 일본과 해외에서 활동하는 작가들, 전통을 이어가고 있는 장인들의 공예품을 함께 선보이고 있다. 그렇게 해서 북유럽의 숫소 뼈로 만든 오브제, 불상 공방과 함께 만든 네임 플레이트 등 다양한 물건이 이 가게로 오게 됐다.

원래 이곳은 고누마 씨 할아버지의 가게였다. 이 건물을 리모델링해 1층은 전시 공간, 2층은 전시 작가의 숙소이자 이벤트 공간, 옥상 격인 3층은 야외 이벤트 공간으로 사용하고 있다. 리모델링은 고누마 씨와 그의 친구들이 직접 담당했다. 쓱싹쓱싹 바닥을 닦는 일부터 어떤 물건을 놓을지까지 함께 정한다. 고누마 씨는 이곳이 "서로를 존중할 수 있는 사람들이 자유롭게 드나들고, 바쁜 사람을 여럿이 돕고, 지친 사람의 쉴 곳이 되어주고, 즐거운 일을 기쁘게 공유할 수 있는 장소"가 되길 바란다고 한다.

K 이 건물과 골목이 참 잘 어울리네요.

N 이곳은 저에게는 아주 특별해요. 골목 안에서도 눈에 잘 띄지 않는 위치에 있지만, 어릴 때부터 이 골목(아사쿠 사바시 근처 바쿠로초)이 좋았어요. 생선장수와 메밀국수 장수의 목소리가 들리고, 빨래 건조대 위에서 올려다본 넓은 하늘도 좋고요. 시대를 거슬러 올라간 느낌이라고 할까요? 할아버지가 이 건물을 지은 지 벌써 60년이 됐어요. 당시로서는 드물게 콘크리트로 지었는데 세월이 지나다 보니 여기저기 허물어졌어요. 그래서 2년 전부터 친구들과 마스크를 쓰고 작업복을 입고 먼지투성이인 곳을 치우기 시작했어요. 그러다가 아버지가 사진 속에서 입고 있던 옷을 진짜로 찾았죠. 옷에 '나카가와 제차장'이라고 써 있는데, 증조할아버지 때 '나카가와'라는 이름으로 대형 수레를 만들었기 때문이래요. 이 옷을 두고 오면 외상으로 술을 마실 수 있었다고 합니다. 참 멋스러운 이야기죠.

K 정말 그렇네요. 일본에서는 이런 나무 그릇에 음식을 담는 경우가 많죠? 저도 손님이 오면 작은 나무 그릇에 쿠키와 찻잔을 담아 내요. 각자 편하게 먹을 수 있도록.

N 저도 그래요. 물건은 자기가 쓰고 싶은 대로 쓰는 게 가장 좋죠. 각자의 이야기대로 물건의 쓰임새를 만들어가는 게 생활의 재미인 것 같아요.

그러고 보니 이곳의 물건은 하나 같이 용도가 뚜렷하지 않다. 쓰임새를 정하는 건 저마다의 몫이다. 머리에 두를 수도, 허리띠로 쓸 수도 있는 레이스천이 컬러별로 있길래 함께 온 묵그에게 가져갔다. "묵그, 어느 컬러가 좋아? 골라줄래?" 이제 몇 번 얼굴을 봤다고 고개는 돌리지 않고 나와 레이스천을 번갈아 뚫어지게 쳐다본다. 손가락을 꼼지락거리며. 그러고는 조심스레 빨간색을 가리켰다. 그래, 이런 센스를 가진 애가 드물다니까.

창문 쪽으로 고개를 돌리니 햇볕 아래서 반짝이는 장식물이 보인다. 물방울? 이거 완전히 내 스타일이다. 물방울 모양 유리 오브제가 레이스천에 매달려 나무 기둥에 걸려 있다. 유리의 질감이 굉장히 멋스럽고, 그저 투명하기만 해도 되는데 단단한 느낌까지 가지고 있다. 그나저나 이렇게 연출을 해야겠다는 생각은 도대체 어떻게 한 걸까?

"사실 제가 이 작품을 굉장히 좋아하는데 알아봐주는 분이 별로 없어요. 그런데 단번에 좋다고 해주시니 제가 더 기쁘네요. 이런 디스플레이는 주로 작가와 상의해서 정해요."

시간에 따라서, 창문으로 들어오는 빛의 양에 따라서 물방울 모양 오브제를 통해 비치는 그림자의 모양과 문양이 달라진다. 그러니까 이 오브제는 빛과 어둠 사이, 그림자 역할을 하고 있는 중이다. 나 역시 그런 그림자의 마음으로 빛과 어둠 양쪽 모두에게 조금이라도 보은하는 마음으로 살고 싶다고 생각한다. 그래서 컴백 후 첫 10년을 같이 일한 스타일리스트에게 늘 같은 부탁을 했다.

"청담동만 다녀서는 나랑 일 못한다. 나도 땅을 밟고 사는 사람인데 비싼 옷만 입지 않아도 된다"라고. 나 대신 당신이 여기저기 다니면서 새로운 디자이너를 만났으면 좋겠다. 발품 팔아서 좋은 디자이너의 옷을 가져다주면 감사히 여기고 입겠다. 그래서 그 분들에게 좋은 기회가 된다면 얼마나 좋겠냐…. 여러 번 당부했는데도 말이 온전히 전달되지 않은 것인지 자주 엉뚱한 사람의 이익으로 돌아가곤 했다. 그럴 때 나는 그림자가 아니라 서늘한 그늘이 되곤 한다. 어쩔 수 없이 마음이 서글프다.

모리오카 쇼텐 _ 한 권의 책방이 말을 건넸다

　많은 사람들로 북적이는 긴자의 중심 거리에서 조금 떨어진 조용한 공간. 두 평이나 될까? 카운터에 까만색 유선 전화기가 놓여 있다. 다이얼을 일일이 돌려서 전화를 해야 하고, '띠링, 띠링' 큰 소리를 내는. 주인인 모리오카 요시유키(森岡督行) 씨는 휴대전화가 없다. 추억의 벨소리를 듣고 싶다고 했더니 일행 중 누군가가 전화를 걸어본다. '띠링, 띠링' 힘차게 벨이 울린다. "어머, 정말 울린다. (수화기를 들고) 여보세요?" 짐짓 전화를 받아보는 나.

　올해 5월 5일, 어린이날에 오픈한 이 가게의 콘셉트는 '한 권의 책을 파는 서점'이다. 일정 기간 동안 책 한 권에 집중해서 그 내용과 스토리로 전시회를 꾸민다. 책 안에 들어 있는 내용을 끄집어 내서 야무지게 표현해보는 것이다. 책을 단지 '책'이 아니라 예술작품, 오브제로 본다는 발상이 재미있다. 모리오카 씨는 책 한 권은 편집자나 작가, 디자이너, 사진작가 등 여럿이 정성과 생각을 담아 만드는 만큼 '작품'이라 부르기에 충분하다고 생각한다.

K 최근 도쿄에서는 책방의 변신이 많이 이루어지고 있네요. 그걸 감안해도 모리오카의 콘셉트는 아주 특이해요.

M 짐보초(神保町)에 있는 잇세이도 서점(一誠堂)¹⁶에서 8년간 근무했어요. 몇 차례 출판 기념회를 하는 동안 '어쩌면 팔 책은 한 권만 있으면 되는 게 아닌가?'라고 생각했던 것 같아요. 관심 있는 사람은 찾아오거든요. 그리고 와준 사람들을 보고 작가도 기뻐합니다. 저희도 찾아주신 분들과 많은 이야기를 할 수 있어 좋고요. 책을 내는 것은 매우 영광스런 일이잖아요. 친구와 가족이 마음껏 축하하고, 책을 깊이 소개할 공간이 필요하죠. 그러는 사이 책도 팔리고 작가의 작품도 팔리고. 그런 흐름을 직접 경험한 게 영향을 준 것 같아요. 만든 사람과 사는 (읽는) 사람이 파는 장소에서 보다 가까운 거리감을 느꼈으면 좋겠다. 그런 공간을 만들면 어떨까 생각하게 되었습니다.

K 작은 생각이 이렇게 실체로 구현되었네요. 저는 얼마 전까지만 해도 아이 낳은 것 말고는 뭔가를 만들어본 기억이 없는데….

M 오시기 전에 여러 가지 자료를 찾아보다가 고배우님이 굉장히 책을 좋아하고 또 책도 벌써 내셨다는 기사를 읽었습니다. 책방을 하는 사람으로서 기쁘죠. 그래서 배우님 책이 나오면 이곳에서 전시를 하고 싶어요. 서울에서 책 관련 일을 하는 친구들까지 불러서.

K 진짜로요? 어떡해! 저야 책, 책방 모두 좋아하죠.

M 내년 4월 이후면 스케줄을 잡을 수 있는데, 이런 부탁을 이 자리에서 해도 될지 모르겠습니다.

K 일단 허락해주셨으니까 그렇게 알고 갈게요. 너무 좋네요. 책을 통해 좋은 제안도 받고요. 꼭 좋은 책을 만들어서 가져오겠습니다.

---

16 헌책방 거리로 유명한 짐보초를 대표하는 고서점. 창업한 지 100년이 넘었다. 일반서적을 비롯해 영어 원서, 미술서 등을 주로 취급하다가 최근 영화나 연극 관련 책을 추가하면서 젊은 고객이 늘고 있다. 소설 〈설국〉으로 유명한 노벨문학상 수상자 가와바타 야스나리, 추리작가 마쓰모토 세이초 등이 단골이었다고 한다.

의도치 않게 너무 감사한 약속을 받았다. 이렇듯 통 큰 모리오카 씨는 이곳을 오픈하기 전 도쿄 가야바초(茅場町)에서 모리오카 서점을 10년 정도 운영하기도 했다. 그런 그가 이 작은 책방으로 다시 도전을 시작했을 때, 누군가 그랬다고 한다. "찍은 것이 아닌 찍힌 사진이 좋은 사진이듯, 이곳은 만든 가게가 아니라 저절로 생겨버린 가게 같은 느낌이 든다"라고. 어쩌면 그 말을 한 사람은 본능적으로 느낀 것일지도. 실제로 이 책방에는 의도하지 않은 결과가 곳곳에 숨어 있다.

책방이 있는 자리만 해도 그렇다. 원래는 다른 곳에서 3층 건물 한 동을 빌려 1층은 카페, 2층은 서점&갤러리, 3층은 스튜디오로 꾸미려고 했다. 책에서 파생된 사람들이 모두 모일 수 있는 살롱을 만들고 싶었다고 한다. 그런데 고민하는 사이 다른 사람이 먼저 계약을 해서 포기할 수밖에 없었다. 얼마 후 다행히 일본공방(日本工房)이 들어가 있던 이 자리가(모리오카 씨에게는 꽤 의미가 있는) 40년 만에 비면서 책방을 시작할 수 있게 된 것이다.

"이곳은 사람과 사람이 엮여서 퍼즐처럼 완성되었습니다. '한 권의 책방'이라는 아이디어를 제가 생각하기는 했지만 어떤 도움 하나가 빠졌더라면 완성되지 못했을 거예요. 앞으로는 신간뿐 아니라 과거에 출간된 책도 전시하고 싶습니다. 오래된 책 중에도 멋진 책이 많으니까요. 장르 제한은 없습니다. 사진집이나 미술서 외에 소설, 시집 등도 전시할 예정입니다."

이번 여행에서는 유난히 약속을 많이 하고, 또 받게 되는 것 같다. 그래서 다음 번에 혼자 도쿄에 오더라도 혼자가 아닌 시간이 많을 것 같다. 다시 시작한 도쿄 여행이 이렇게 씨줄로, 날줄로 잘 연결되고 있는 것 같아 마음이 따뜻해진다. 그래, 왠지 모든 것이 잘 풀릴 것 같은 내 첫 느낌이 틀리지 않았다.

MORIOKA SHOTEN & CO., LTD.
A SINGLE ROOM WITH A SINGLE BOOK
SUZUKI BUILDING, 1-28-15 GINZA,
CHUO-KU, TOKYO, JAPAN

인쿄__ 깨지는 것이 두렵지 않은 관계

되풀이되는 일상 속에서 함께 세월을 쌓아가고 싶은 그릇과 쓸수록 애착이 생기는 생활용품, 누가 농사를 지었는지 알 수 있는 쌀 등 다양한 물건을 판매하는 인쿄. 할머니 집에 온 것 같은 편안함과 일상적인 수다가 넘치는 가게로, 주인은 하세가와 치에(長谷川ちえ)[17]라는 이름의 멋진 여성이다. 인쿄는 가게일 뿐 아니라, 작가들이 워크숍을 여는 장소이며, 그녀가 사람 이야기를 집필하는 곳이다. 하세가와 씨는 시원시원하고 정감 있는 문장이 돋보이는 에세이스트라고 한다.

그런데 가게 안에 딱히 마주 앉아 이야기를 나눌 테이블이나 의자가 눈에 띄지 않았다. 그래, 이번 인터뷰도 바닥이 최적의 장소다. 자리를 잡고 나니 바로 곁에 있는 작은 꽃병이 눈에 띈다. 도예가 사쓰키메 히로시(五月女寬) 씨가 빚었다는 이 꽃병은 아스팔트를 뚫고 마침내 싹을 틔운 한 송이 잡초를 위한 것이다.

K 도예가가 만드셨군요. 이거 자체가 작품이네요.

H 사쓰키메 씨의 꽃병을 처음 봤을 때 저도 딱 잡초가 떠올랐어요. 꽃집에서 고른 화사한 꽃을 꽂아도 멋있겠지만 길가에 피는 잡초나 들꽃을 꽂았더니 어울리더라고요. 잡초에 눈길을 주는 작가의 마음이 느껴지지요. 이 꽃병은 꽃을 어떤 각도로 꽂아도 줄기가 꼭 들어맞아요. 잡초를 꽂았더니 '이제 가슴을 쭉 펴고 살아라' 하고 말을 건네고 싶더라고요. 생생하고 왠지 당당해 보였어요.

K 아무 꽃을 꽂아도 예쁠 것 같은데요? 특별히 이런 공간을 만들어야겠다고 생각한 계기가 있나요?

H 그릇을 좋아해요. 하나둘 모으다 보니 오랫동안 곁에 두고 싶은 그릇이 제법 많아졌어요. 그런 물건을 사람들에게 소개하면 좋겠구나 싶어 기획하게 됐습니다.

K 아, 곁에! 물건이 사람 곁에 머무는 시간이 너무 짧다는 생각을 하셨군요?

H 도쿄는 물건이 참 많은 도시잖아요. 그래서인지 오히려 사람들이 무엇을 골라야 할지 잘 모르는 것 같더라고요. 정성스럽게 만든 물건을 소개하면서 '이런 물건을 오랫동안 쓰면 어때요?' 하고 제안하고 싶어요.

K 너무 좋은 제안이죠. 좋은 물건을 오래 사용하는 하세가와 씨만의 비법이 있나요?

H 만드는 사람, 쓰는 사람들 사이에서 저도 배워가는 중이에요.

K '배우는 중'이라는 말씀이 너무 예쁘네요. 실례지만 무례한 질문, 무식한 질문 하나 해도 될까요? 이 예쁜 가게를

---

17 하세가와 씨는 커피나 사케에도 조예가 깊고, 맛있는 음식이 있는 곳이라면 어디라도 달려가는 여행가이기도 하다. 저서로는 〈물건과 사귀는 것〉, 〈그릇과 살다〉, 〈맛있는 커피를 만들기 위해서〉 등이 있다. 2016년에는 남편의 고향인 후쿠시마로 이주할 예정이라 이 가게에 들르고 싶은 분은 사전에 꼭 확인을 하는 게 좋겠다.

찾은 손님 중에도 진상 손님, 혹은 의외의 손님이 있었나요?

H 진상 손님이라기보다 제딴에는 물건 하나하나에 좋은 생각과 이야기를 담아 제안을 하다 보니, 들어와서 쓰윽 보고 그냥 나가버리는 손님을 보면 조금 씁쓸해져요. 마음에 드는 물건이 없었다는 뜻이니까요. 유명 작가나 그 작가의 물건을 좋아하는 분들이 많은데, 저는 순서를 바꿔보면 어떨까 해요. 직접 손으로 만져보고 따져서 구입한 물건을 사용해보고, 나중에 작가를 알아보고, 그 작가를 좋아하는 순서로요. 그러면 물건 고르는 재미가 커지고, 취향도 분명해지거든요.

K 그렇죠. 자기 만족이 훨씬 크죠. 그렇게 골라야 더 오래 쓸 수 있고요.

금이 가거나 일부가 깨진 그릇은 대개 쓸모를 잃었다고 생각하고 버리게 된다. 그러나 헤진 옷은 꿰매면 되듯이 이 나간 그릇은 붙여서 쓰면 된다. 칠기 공예할 때 쓰는 접착제로 아주 간단히 붙일 수 있다. 금이 생겼다는 건 그릇이 바스러져가고 있다는 뜻. 금 간 부분을 잘 이으면 자연스럽게 결이 드러나 오히려 새 그릇보다 더 멋스럽다. 물론 다 물건에 애착이 있어야 가능한 이야기다. 그리고 오래 같이 가고 싶은 마음이 있어야 가능하다. 나의 수리 및 수선 습관은 꽤 오래 됐는데, 그 사실을 모르는 사람은 이어붙인 흔적이 있는 내 물건을 보고 '일부러 저렇게 디자인했나 보다'라며 감탄한다. 좀 더 같이 곁에 있어보자고 붙여준 흔적인 거지, 디자인은 무슨.

"그릇을 붙여서 쓰는 것을 좋아하시다니, 너무 멋진 일을 하고 계시네요. 저희도 깨지거나 금간 그릇을 옻칠을 해서 직접 잇는 기법인 긴쓰기(金継ぎ) 워크숍을 열어요."

서울에서 같은 이야기를 하면 '그거 참 좋겠다'고 칭찬을 해주는 사람이 거의 없었다. 깨진 그릇을 이어 붙이느니 새로 하나 사라는 식이다. 금이 간 게 더 금 같은 법인데…. 그런데 알아주는 사람이 나타나니 참 좋다. 금간 그릇 이어쓰기 워크숍이라니 멋지다! 이런 모임을 통해 안목과 취향이 있는 사람들이 생겨야 이 가게도 오래도록 존재할 수 있을 테니 서로에게 좋은 일이다. 워크숍 멤버 중 스타일이 멋진 50대 남자 분이 하도 열심히 참여하길래 하세가와 씨도 뭐 하는 사람일까 궁금했는데 알고 보니 디자이너였다고 한다. 보통 남자들은 그릇을 깨는 편인데, 귀엽다 그 분. 너무 궁금해졌어, 갑자기.

K 그릇이 참 많이 보이던데, 특별히 아끼는 것이 있으세요?

H 숍에서 작지만 깊이가 있는 돌솥으로 점심밥을 지어요. 쌀 한 컵 분량을 짓기에 딱 좋은 사이즈예요. 얼린 음식을 쿠킹시트에 싸서 돌솥에 넣어 찌면 단시간에 속까지 데워지고요. 작은 사이즈라 언제든 편하게 꺼내 쓸 수 있기도 하지요. 물론 하나같이 귀여울 뿐 아니라 훌륭한 일꾼이죠, 그릇은.

K '인쿄(in-kyo)'라는 이름은 어떻게 지으신 거예요?

H 인쿄는 왕년에 굉장히 잘 나갔고, 은퇴 후에도 영향력이 있는 분, 권력은 없어도 말씀만으로 충분히 존경 받을 만한 어른을 가리키는 말이에요. 어릴 때 할머니와 같이 살았는데, 할머니가 계신 방을 '인쿄베야(인쿄의 방)'라고 불렀어요. 그 방에는 오래되고 좋은 물건이 많았죠. 그런 의미를 살려서 가게 이름을 인쿄라고 지었습니다.

K 아, 좋다. 가게 이름의 예쁜 글씨는 혹시 지인이 써주신 건가요?

H 저희 어머니가 써주신 거예요. 서예 지도자 자격증을 가지고 있지만 활동은 안하세요. 그래도 무언가를 써서 남기는 것을 워낙 좋아하셔서 가게 이름을 써달라고 부탁했죠. 그런 기회를 선물해드리고 싶었거든요.

K 어머니 글씨, 부럽네요. 예뻐요. (하세가와 씨의 친구가 찍었다는 벽에 걸린 사진을 보고) 저 사진은 보는 사람이 볼 안에 들어가 앉아 있는 느낌을 주네요. 답답하기도 하지만 보호받는 느낌이 들어서 좋아요.

이야기를 마치고 나가려던 차에 카운터 밑에 나란히 누워 있는 여러 개의 돌을 발견했다. 돌을 좋아하는 하세가와 씨가 모아둔 것인데, 한 손님의 자녀가 자신이 가져온 돌을 함께 놓고 싶다고 해서 완성된, 계획에 없던 컬래버레이션의 결과물이다. 아이가 가져온 돌도 세련되고 예쁘다. 자기 것도 함께 놓아달라니, 그 마음이 벌써 무언가를 아는 것 같지 않은가.

금 간 그릇을 붙여 쓰는 법을 배우는 곳이라니 멋지다!
할머니의 방을 닮고 싶다는 마음은 또 어떻고!

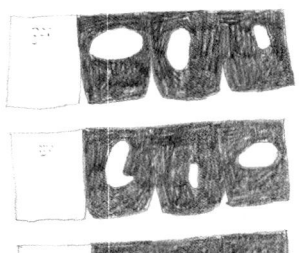

모리오카 쇼텐 카운터에 낮게 걸린
하얀 유리 전등. 카운터라고 해봤자
까만 유선 전화 한 대, 책 몇 권
그리고 이 전등뿐이다.

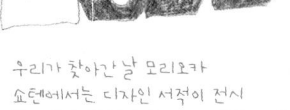

우리가 찾아간 날 모리오카
쇼텐에서는 디자인 서적이 전시
중이었다. 블랙과 화이트의 강렬하고도
귀여운 대비가 인상적인 전시였다.

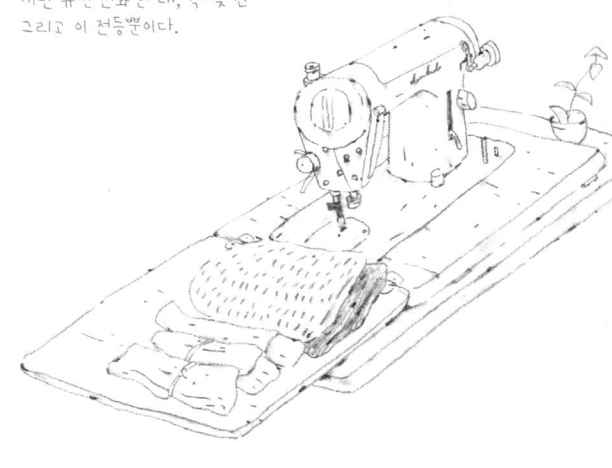

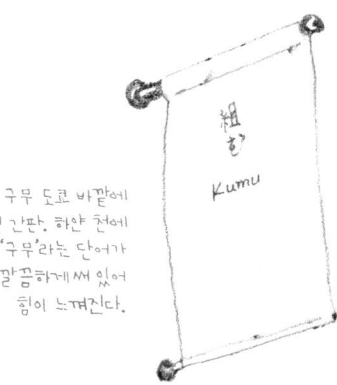

구무 도쿄 바깥에
걸린 간판. 하얀 천에
'구무'라는 단어가
깔끔하게 써 있어
힘이 느껴진다.

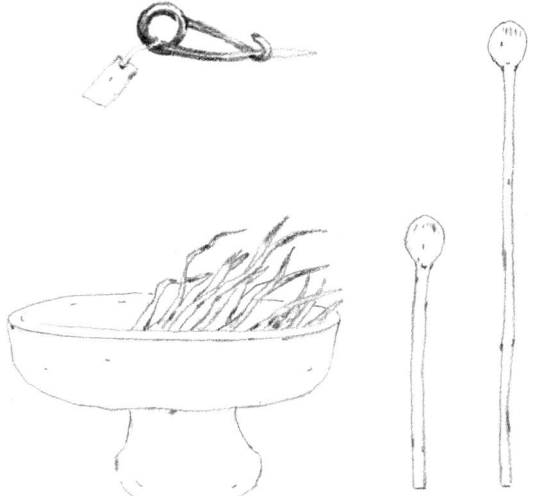

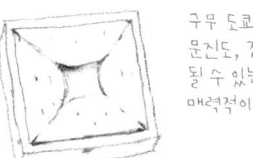

구무 도쿄의 오브제들.
문진도, 젓가락 받침대도
될 수 있는 유연함이
매력적이다.

백자는 언제나 흐트러짐이 없다. 티 하나도
허락하지 않을 것 같은 결벽증과 무엇이든
그 안에 담기만 하면 한 폭의 그림이 되는
힘이 담담하게 공존한다. 구무 도쿄의
백자도 그러하다.

도쿄 중심부에서 멀지 않은 곳에 이런 가게들이 있다.
작은 것, 다른 것의 아름다움을 알게 해주는.

그녀의 발.걸.음.에 맞춰보았다

"그저 첫 발걸음만 떼면 됩니다."
—마틴 루터 킹(Martin Luther King, 1929~1968), 워싱턴 대행진 연설 중에서

사람들은 아직도 그녀에게서 듣고 싶은 이야기가 많은 것 같다. 어서 빨리 그녀가 아직 털어놓지 않은 비밀을, 혹은 자기 안의 콘텐츠를 들려주길 바라는 듯하다. 그러나 관찰한 바에 의하면 고배우는 자기 이야기를 하기보다 다른 사람 이야기를 듣는 데 재능이 있는 사람이다. 그래서 그녀의 여행책은 사람을 만나고, 이야기하고, 교감한 과정을 기록한 형식이 되었다. 애초부터 이런 형식을 기획한 것은 아니다. 사실 여행을 떠나기 전, 모든 것은 백지였다. 아무것도 정해져 있지 않았다.

"저는 그렇게 계산이 철저한 사람이 아니에요. 아니, 계산을 못해요. 철저히 계산해서 제가 뭘 얻을 수 있죠?" 어느 날 억울함을 토로했던 그녀의 말대로, 자신이 처한 상황에서 이것저것을 재고 따지기보다 자신이 타고난 것, 좋아하는 것, 감이 오는 것을 따라가다 보니 자연스럽게 자신의 보폭을 알게 되고, 어느새 곁에 있는 이의 발걸음에 맞춰 걸을 수 있게 된 것이리라.

사실 이름 난 연예인에, 경험으로 치면 누구 못지않을 그녀가 누군가의 이야기에 귀를 기울이는 게 과연 재미있을까, 아니 관심이나 있을까, 솔직히 의아할 때가 있다.

"세상엔 아직 제가 못 가본 곳도 많고 새로운 상점, 유니크하고 아름다운 물건이 많겠죠. 그런데 전 어디를 가나 아마 사람들의 이야기를 듣고 있을 거예요. 나라나 인종, 하는 일과 상관 없이요. 그런 점에서 이번 여행이 좋은 계기가 된 것 같아요. 오기 직전까지도 내가 이번 여행에서 뭘 하면 좋을까, 고민이 많았는데, 사람들과 이야기를 나누면서 자연스럽게 깨달았어요. '아! 인터뷰가 있었지! 사람들의 인생 이야기를 들어보면, 좀 괜찮겠다' 하고요."

고배우는 사람들과 이야기를 나눌 때면 상대의 호흡에 보조를 맞추려고 노력한다. 상대가 앉아

있으면 앉고, 어딘가로 가자고 하면 같이 가면서. 그의 인생 이야기를 주고 받으며 자연스럽게 자신의 이야기를 교차하고 겹쳐가면서. 그 이야기들을 마음에 새기는 것 같다. 그래서 그녀라면 '말은 안 통해도 인생은 다 통한다'는 평범한 진리를 발견하게 해줄 거라는 믿음이 생긴다. 그래서 어느 곳이든 그녀가 다녀오고 나면 '꼭 가야만 했던' 특별한 장소로 변하나 보다.

나도 한동안 정보를 취재하고 그 결과를 글로 옮기는 일을 했다. 가능한 많은 팩트와 감상을 '내 것화'해서 사람들에게 전달하는 게 직업이었다. 그 과정과 결과는 일방통행적이고 다소 취재자 위주가 될 수밖에 없었다. 그래서 취재 과정에서 담게 된 사람들의 인생까지, 있는 모양 그대로 진실되게 담아냈다는 말까지는 자신 있게 할 수 없다. 그러나 인터뷰어 고현정은 고양이처럼 자신의 감을 믿고 아주 천천히, 그러나 자유롭게 사람들에게 다가간다. 그들과 마음을 나누며 함께 즐거워하고, 나중에는 아쉬워하며 헤어진다. 그럴 때마다 느낀다. '서늘하고 차갑고 무섭기만 한 게 아니었다. 그 곁이 무섭고, 칼 받치고 송곳일까봐 지레짐작 다가가지 않은 것뿐. 다가서도 되는 사람이구나. 다가서기에 안전한 사람이구나. 곁이 따뜻하니까.'

그리고 그녀의 행복을 바라는 한 사람으로서 여행을 함께 하며 꼭 얻고 싶은 답이 있다. 그렇게 더 많은 사람을 만나면 그녀에게 사랑이 올까? 인생에 수많은 이야기가 있어도 결론은 결국 하나, '사랑할 수 있는 한 사랑하라'라는 것이니까. 인생은 사랑을 향한 순례이니까. 이 여행이 아름다운 순례가 되어 그녀가 누군가의 곁을 발견하게 되면 좋겠다. 그래서 오늘도 나는 그녀 곁에서 발걸음을 맞춰본다.

서늘하고 차갑고 무섭기만 한 게 아니었다. 그 곁이 무섭고, 칼 받치고 송곳일까봐 지레짐작 다가가지 않은 것뿐이지 다가서도 되는 사람이구나. 다가서기에 안전한 사람이구나. 곁이 따뜻하니까.

빛과 어둠 사이의 기억은 그림자를 남기지만,
빛도 어둠도 그림자를 오해하지 않는다.

PART 7

요요기공원, 기치조지, 하라주쿠
代々木公園, 吉祥寺, 原宿

이제, 편안하게 웃어볼까

여행을 하면 시간이 갈수록 몸은 힘든데,
웃을 일이 늘어난다. 활짝 웃으면 이가
드러나지. 그러고 보니 올해 중반쯤,
치과에서 신경 치료를 받았다. 그렇게 아플
줄은 몰랐다. 출산의 고통에 비할 수 있을
정도다. 남은 치아는 잘 지켜야겠다.
사실 난 무언가를 지키는 것을 좋아한다.
그래서 언제나 울타리 역할을 자처한다.
그런데 나더러 자꾸 울타리 안에 들어가
꽃처럼 예쁘게 앉아 있으라고 하면,
그 말을 한 사람과 갑작스러운 거리감을
느끼게 된다. 나는 행동하고 싶고, 밖에서
셰퍼드처럼 지키고 싶은데… 그래야 마음이
편안해지는 사람이다. 이번 여행에서 내가
울타리가 되어 지켜주고 싶은 사람들에 대해
더 많이 알게 됐고, 그런 사람들이 생겼고,
앞으로도 많이 생길 것 같아 마음이 좋다.
이제, 편안하게 그들을 향해 웃어볼까.

this is where you can reach me now

우동을 즐기는
두 가지 방법

u do n
+
no telling
this will work

도쿄를 여행하는 사이,
지키고 싶은 것이 더 많이 생겼다.

작년에 출간한 〈고현정의 여행, 여행〉에 멋진 작품을 그려준 김선영 작가를 도쿄 한복판에서 만났다. 한 번 맺은 인연, 끝까지 가봐야지, 하는 생각으로 올해도 작품을 부탁했는데 일본까지 기꺼이 달려와주었다. 원래는 작업실에 틀어박혀 나오지도 않는 사람이 얼마나 큰 용기를 냈을까. 이런 사람들은 그저 지켜주고 싶은 생각이 든다. 맑은 우동 국물 같은 사람.

여행자들이 일본에서 가장 많이 먹는 음식이 라멘과 우동이라고 한다. 둘의 가장 큰 차이는 국물 재료다. 라면 국물이 돼지와 닭 뼈 등을 넣어 진하게 우린 것이라면, 우동 국물은 가다랑어포와 다시마만으로 맑게 낸다. 면은 무조건 좋지만 고기는 별로, 해산물은 또 아주 좋아하는 나로서는 맑은 국물에 비리지 않은 우동이 더 좋을 수밖에 없다.

일본의 3대 수제 우동을 꼽으라고 하면 군마현의 미즈사와 우동(水沢うどん), 아키타현의 이나니와 우동(稲庭うどん), 가가와현의 사누키 우동(讃岐うどん)이다. 그중 사누키 우동은 밤에 먹는 우동이라는 이미지를 가지고 있다. 낮에는 도통 안 보이는 여우가 밤에 스리슬쩍 나타나듯 깊은 밤 출출하고 심심할 때 먹는 우동이라는 느낌? 예전 일본에서는 사누키 우동 행상들이 밤마다 방울을 울리며 골목을 돌았다는데, 그게 이유일런지도 모르겠다.

추운 밤, 고다츠에 발을 넣고 뜨끈하게 먹는 우동이 맛이 없을 리가! 일본에서는 우동을 시끄럽게 먹을수록 좋아한다는데, 특히 사누끼 우동은 뜨거운 국물과 면가락을 후후 소리내어 불어가며 후르룩 쩝쩝, 면발을 빨아올리며 먹어야 한단다.

아키타현이 자랑하는 이나니와 우동은 고급 우동의 대명사다. 특히 황실 진상품인 '사토 요스케 이나니와 우동'은 1860년 창업한 유서 깊은 우동이다. 1897년에는 일본 문화를 유럽에 알리는 데 큰 공을 세운 파리 세계박람회에 출품됐다. 미끄러지듯 목을 넘어가는 부드러움과 얇으면서도 강인한 탄력을 동시에 지닌 '수작업의 예술품'이라는데…. 150년 전통을 지켜나가는 가장 중요한 비결은 '손님들에게 진짜 이나니와 우동의 맛을 전하고 싶다'는 마음가짐을 철저하게 지키고, 기계를 일절 사용하지 않으며, 제조 비법은 큰아들에게만 물려준다는 가문의 원칙을 지켜가는 것이라고 한다.

사토 요스케 이나니와 우동의 사토 마사아키(佐藤正明) 씨는 가문 7대의 장남으로 태어나 일본의 우동 명가를 이어가고 있다. 이곳에 가면 정통 이나니와 우동을 냉우동과 온우동으로 동시에 즐길 수 있는 메뉴가 있다는 소식을 듣고 그대로 진격했다. 간장과 깨, 일본 된장을 섞은 소스 '니미(두 가지 맛) 세이로'까지 맛볼 수 있는 기회. 우동이 나오자 '후르룩, 후르룩—' 일행 모두가 동시에 면을 흡입하기 시작했다. 그리고 또 동시에 외쳤다. "진짜 부드럽고, 진짜 맛있다!" 그래, 이런 순간에 우리는 '부자'라는 생각이 든다. 먼 내일이 아니라 지금의 찰나를 즐기는 것, 그것이 인생 부자가 아닐까?

김선영__ 츤츤, 몸과 마음을 다시 동여매야지

친구는 환경과 경험이 비슷하고, 같은 곳을 바라봐야만 될 수 있는 거라고 생각했다. 그러나 뒤늦게 여행을 시작하면서 의외의 곳에서 좋은 '어른' 친구를 많이 얻고 있다. 분명 살아온 환경과 경험은 다르다. 그러나 자신에 대해, 인생에 대해, 사람에 대해 생각하기를 좋아하는, 나와 성향이 같은 사람은 첫 눈에도 알아볼 수 있다. 그 사람의 공간과 물건에서 고민이 읽히고, 그 사람의 표정과 말씨에서 마음의 길이 읽힌다. 그래서 전혀 다른 내 경험을 겹쳐도 서로 낯설지 않다.

생각과 고민을 하는 데 그치지 않고 하나하나 일로, 취미로 실현해나가면서 어른이 된 사람들. 그들은 어설프게 자신을 내세우기보다 확실하게 상대를 먼저 배려하고, 중요한 것과 중요하지 않은 것을 현명하게 판단하며, 후자는 아까워하지 않고 과감히 내려 놓는다. 그렇게 태도가 깔끔하니 대하기가 편하지 않을 수 없다. 사실 아쉬워서 찾아간 건 나고, 그들은 성의껏 약속을 지키기만 해도 될 텐데, 구태여 자기 이야기까지 해야 하나 싶기도 할 텐데, 그래도 귀찮아하지 않고 "나도 그렇게 생각한다"고 해주고, 열정적으로 마음을 열어주었다. 그러니 그들을 '츤츤[18]'하게 곁에 동여매두고 싶을 수밖에.

맑은 국물 같은 김선영 작가도 나이는 나보다 한참 어리지만 참 어른 같은 친구다. 솔직히 고백하자면 그의 그림 속에 늘 등장하는 (그로 추정되는) 인물로 그를 만났고, 그를 닮은 인형을 선물 받아 집에 놓고 매일 쳐다보기만 했지, 그와 직접 대면하기는 이번이 처음이다. 아티스트들은 직접 나타나지 않고도 자신을 전할 수 있으니 얼마나 좋아.

"예술은 즐거움이라고 생각해요. 영화나 음악, 문학, 미술 등이 없다면 세상은 전혀 다른 모습이었을 것 같아요. 그래서 아티스트는 즐거움을 찾아내서 적게든 많게든 세상과 공유하는 사람이라고 생각합니다." 처음 만난 자리, 어색함이 풀리기도 전에 어려운 질문부터 던졌을 때 그는 수줍은 얼굴로 천천히, 그러나 망설임 없이 말했다. 그래, 맞다. 아티스트는 즐거움을 찾아서 나누는 사람들이다. 그러니 우리의 인생이 너무 건조할 때, 사는 게 너무 팍팍할 때, 아트(예술)를 만나면 쉴 수있다, 정말로. 굳이 잘 나가는 아티스트들을 찾아다닐 필요도 없다. 그들과 자신을 비교하면서, 그들의 생각을 강요받으면서 스트레스를 받을 이유가 없으니까. 그저 작은 즐거움 하나라도 나누고 싶어하는 사람들, 박수를 조금만 받아도 행복해하는 이들, 또는 그들이 세상에 내놓은 것과 만나면서 우리는 인간성을 다시 회복하고 더 잘 쉴 수 있다.

---

18 우리말 '친친'의 옛말로 '든든하게 자꾸 감거나 동여매는 모양'을 뜻한다.

K 어떻게 그림을 그리게 되셨어요?

S 어린 시절 성격이 예민하고 소심해서 친구들과 어울리기가 힘들었어요. 집에서 혼자 책 읽는 시간이 더 편했어요. 그러다가 반 고흐에 관한 책을 읽었는데, 강렬한 색채와 그의 불행한 삶이 너무나 큰 충격으로 다가왔어요. 그런데 어떤 면에서는 공감이 되더라고요. 그때부터 화가에 대한 동경이 시작됐습니다. 그리고 '화가는 곧 자유'라는 나름의 공식이 생긴 것 같아요. 그림 그리는 것을 좋아했다기보다 자유에 매력을 느꼈습니다. 물론 지금은 그 자유에 대한 대가가 엄청나다는 것을 알게 되었지만요.

K 그림을 통해서 우리에게 어떤 즐거움을 나눠주고 싶은 거예요?

S 제게 그림은 질문을 던지고 같이 답을 찾아보는 매개체예요. 궁금한데 답을 찾기 어려운 것들이 있잖아요? 사실 애초부터 답이 없는 질문도 많고요. 어릴 때 '난 왜 오렌지의 단맛은 좋아하면서 사과의 단맛은 싫어할까?'라거나 '닭은 왜 닭이라고 부를까?', '구름은 왜 바다가 아니라 하늘에 떠 있나?' 같은 질문을 사람들에게 던지면 모두 어처구니없어 했죠. 어른이 되어가면서 사람들은 그런 질문을 아예 잊고 사는 것 같아요. 요즘 전 '만약 내가 사는 세상이 가짜라면 그것을 어떻게 구분할 수 있을까?'라는 질문을 던지고 고민해요.

K 재미있네요. 어른이 되어서 잊어버린 질문들.

S 딱히 즐거울 일이 없는 요즘인 것 같습니다. 사람들은 사는 게 힘겹고, 지루하고, 무언가를 잃어버린 것만 같다고들 해요. 어린 시절 세상이 훨씬 더 재미있었다고 하고요. 그래서 전 어린 시절 품었던 궁금증을 같이 다시 생각해보고 싶어요. 그렇지만 제 그림을 보면서 어떤 해석을 하든, 어떤 생각을 하든 그것은 저의 손을 떠난 일이라고 생각합니다. 다만 잠시라도 각자의 엉뚱한 생각이나 잊었던 어린 시절, 연인, 추억 등을 떠올리면 좋겠습니다.

사실 태어나 자란 부산 외에 딱히 다른 곳에서 살아볼까 하는 생각을 해본 적도 없고, 술도 마시지 않고 운동도 즐기지 않으며 밖에서 할 수 있는 일에 딱히 흥미를 느끼지 못한다는 그다. 일상의 반경이 1킬로미터도 채 되지 않는다는 그다. 지금껏 본 드라마도 세 손가락에 들 정도(다행히 그중 하나가 〈모래시계〉)이고, 그동안 여행도 몇 번 하지 않았다고 했다. 그런 그가 작년 나의 첫 여행책에 들어갈 그림을 의뢰받고는 어땠을까? 그는 한지 위에 많게는 열 번까지 색을 겹겹이 칠해가면서 작업한다. 그런데 그 한지 위의 은은하면서도 강렬한 색감을 느낄 수 없는 인쇄물에, A4 사이즈의 반 정도로 축소되어 들어가 작품 본래의 감동을 느끼기 어려운 책이라는 곳에 쓰일 이미지를 위해 그림을 그려야 했다. 그럼에도 "자신의 그림을 많은 사람들이 볼 수 있다는 것에 감사하다"고 후기를 전해왔던 그다. 그리고 이번에는 작업실을 나와서 홀로 낯선 도시를 다니며 여행까지 하고 있다.

K 여행하는 것을 좋아하세요?

S 저는 재미있어하는 것이 많지 않습니다. 그런데 몇 년 전 처음으로 태어난 곳을 벗어나 일본 아키타(秋田)[19]로 여행을 떠났는데, 꽤나 즐거운 경험이었습니다. 아마도 그런 계기가 없었더라면 여행책이라는 작업에 접근하기 어려웠을 것 같아요.

K 도쿄 여행은 어떠셨어요? 질문거리를 많이 찾았나요?

S 저는 공간보다는 물건에서 이야기를 더 많이 들어요. 오래된 물건, 새로운 물건, 작은 물건, 큰 물건 가릴 것 없이 좋아하죠. 마음에 드는 물건을 만나면 그것이 주는 이야기에 귀를 기울이고 이런저런 상상을 하고 그림을 그릴 때 필요한 영감을 얻습니다. 도쿄에서 이야기가 많은 물건들을 만나서 다행이에요. 질문 거리가 많이 생긴 것 같습니다. 참, 라이즈 쇼핑몰의 쓰타야 서점에서 마음에 쏙 드는 빨간 비행기 모형을 발견했는데 사오지 못해 너무 아쉬워요.

K 이번 여행책에도 그림을 그려주셨잖아요. 특별히 애착이 가는 작품이 있나요?

S 사실 모든 그림이 다 애착이 가지만, 특히 고배우님이 머리에 가방을 메고 있는 모습은 그리면서도 아주 즐거웠습니다. 원래 스케치만 해두려 했는데 배우님이 마음에 들어하셔서 시간에 쫓기며 채색을 하게 됐죠. 그런데 그려놓고 보니 제일 좋아요.

어이쿠, 내가 아티스트를 괴롭혀 버렸다. 그래도 너무 마음에 들어서 어쩔 수 없었다. 그의 그림 속에 늘상 등장하는 인물은 몇 가지 특징이 있다. 먼저, 꼭 안경을 쓰고 있다. 안경과 고글, 물안경까지 좋아하는 나는 소름이 돋았다. 이유를 물어보니 "누군가를 기억에서 떠올렸을 때 가장 먼저 잊혀지는 부분이 바로 눈이기 때문"이란다. 누군가를 기억할 때 전체적인 이미지나 머리 모양, 말투, 심지어 냄새까지도 기억에 남아 있는데 이상하게 눈 만큼은 기억이 나지 않는다는 것이다. 그래서 기억 속의 누군가를 그림으로 표현할 때 도저히 눈은 그릴 수가 없어 안경을 씌웠다고 한다. 콧물을 흘리는 건 어딘가 '고장이 난 상태'를 표현한다. 그래, 몸이 고장 나면 콧물이 나지. 김선영 작가는 자신이 늘 불완전하고 어딘가 고장 난 채로 태어났다고 생각하고 있다. 그러니까 콧물 흘리는 그림 속 인물은 바로 그의 자화상이다.

그림 속 소년 옆에는 언제나 식인 괴물이 있다. 녀석은 소년을 잡아먹기 위해 따라다닌다. 그러나 기회를 잡지 못해 언제나 옆에서 소년을 지켜보고만 있다. 식인 괴물이라는 큰 위험 덕분에 오히려 소년은 작은 위험들로부터 지켜진다. 비상구 표지판은 그의 시리즈인 〈What Is Real〉을 관통하는 요소다. 다른 세계로 넘어가고자 하는 사람들의 열망을 나타낸다고 한다. 그것은 물리적으로 다른 세계일 수도 있고, 어딘가 다른 공간 혹은 일탈을 꿈꾸는 것일 수도 있다. 일상을 넘어서는, 내 주위 상황의 한계를 넘어서는 출구. 이 표시만으로도 츤츤, 몸과 마음이 다시 동여지고 새로운 곳으로 나아갈 힘이 생기는 기분이다.

지금, 그는 바다와 파도, 햇살이 있는 곳에서 막바지 작업 중이겠지? 끝나면 같이 맑은 국물의 따뜻한 우동 한 그릇 비우고 싶다.

19 일본 도호쿠 서부 지역으로 여름에도 무덥지 않고 겨울에는 눈이 많이 내려 눈 쌓인 온천 풍경으로 유명하다. 깨끗한 물과 쌀, 사케를 자랑하며, 지브리 애니메이션의 배경화를 그린 오가 카즈오의 고향으로 아키타의 전원 풍경이 애니메이션 〈이웃집 토토로〉 등을 통해 소개되었다.

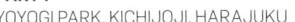

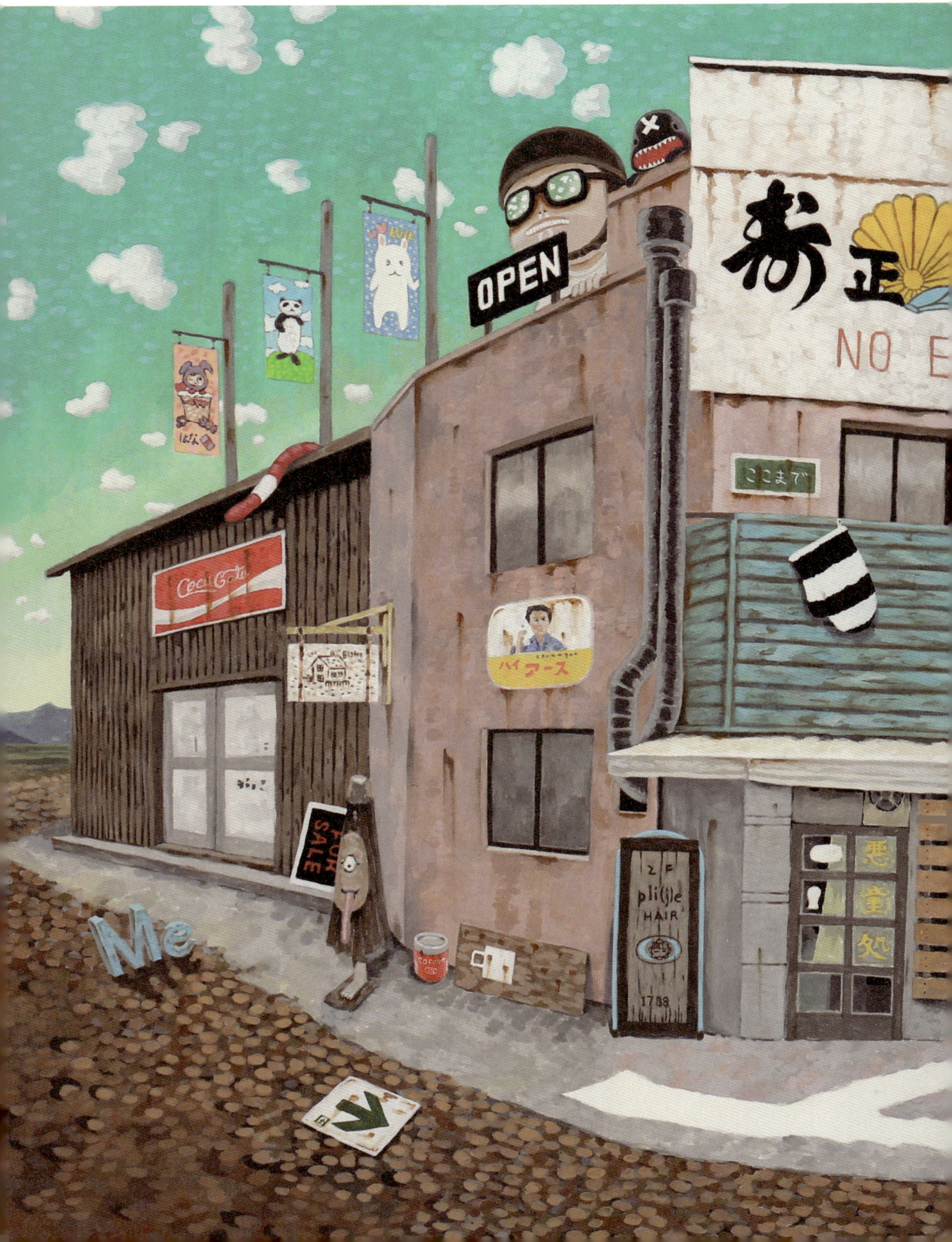
OPEN
NO E
ここまで
ハイアース
FOR SALE
HAIR
Me

캔디가열리는나무에는꽃이피지않는다 60.5X78, 한지에 채색, 2015, 김선영 作

두시간뒤에오세요 45X49, 한지에 채색, 2015, 김선영 作

정로환으로도어쩔수없는통증의긴박함 45X53, 한지에 채색, 2015, 김선영 作

팔지않는이야기 45X53, 한지에 채색, 2015, 김선영 作

라이프__ 인생은 일생, 일상의 축적이라고 위로해주다

"라이프(LIFE)는 요요기 공원 옆의 작은 이탤리언 레스토랑이에요." 주인장의 첫 소개가 그랬다. '삶과 슬로 푸드'를 주제로 한 카페 같은 식당으로 가벼운 식사가 주메뉴다. 18세 때부터 이탈리아에서 요리를 공부한 오너 아이바 쇼이치로(相葉正一郎)[20] 씨는 이 식당이 "편안하고 기분 좋은 공간이자 격식에 대한 부담 없이 가볍게 들를 수 있는 곳이길 바란다"라고 포부를 밝혔다.

그러고 보니 세로로 길어서 마치 잠수함을 탄 기분을 느끼게 하는 이 가게는 어디 하나 알차지 않은 구석이 없다. 오픈 주방 앞으로 2인용, 4인용 테이블이 알차게 들어서 있고, 벽에는 패션 브랜드와 컬래버레이션해서 만든 라이프 식당 전용 셔츠와 앞치마를 전시하고 있다. 구석구석 놓치지 않고 라이프 쇼핑몰에서 판매 중인 소품도 진열해두었다. 아이바 씨가 작업복으로 입고 있는 셔츠와 앞치마를 보는 순간, 이미 라이프의 센스에 촉이 왔다. 셔츠는 아이바 씨가 브랜드 '마가렛 호웰(MARGARET HOWELL, MHL)'과 손 잡고 디자인했다. 착용감과 세련미를 두루 갖춘 셔츠다. 작업복으로도, 멋을 부리고 싶은 날에도 입을 수 있겠다. 카키 컬러가 매력적인 MHL 앞치마도 캔버스 소재라 각이 흐트러지지 않고 전문가다운 포스를 풍긴다.

아이바 씨는 식당을 운영하면서 사람과 물건, 일에 대한 소개를 하는 독립 출판물을 만들고 있다. 〈파크 라이프(PARK LIFE)〉라는 느낌 있는 타이틀의 잡지를 비정기 발행하고, 〈라이프 사진전〉을 기획하고 라이프의 활동과 그들의 이야기를 담은 책을 출판하기도 한다. 그리고 드디어 올해 '사람과 사람이 영향을 주고 받으며 함께 살아가는 감각, 그것이 라이프'라는 신념으로 〈라이프 오브 더 마인드(LIFE OF THE MIND)〉라는 책을 출간했다. 거기에 짬나는 대로 여행과 서핑, 캠핑까지 즐긴다. 남동생, 여동생, 몇몇 친척이 요리사인 집안에서 프로야구선수 출신인 할아버지의 영향까지 받은 덕분이다. 최근에는 매거진 〈킨포크 재팬〉 표지에 바다 생활과 도시 생활, 어느 쪽도 포기하지 않고 살아가는 아이바 씨의 모습이 담기기도 했다. 그 인연으로 지난 9월에는 사진을 찍은 포토그래퍼와 함께 '엔드 오브 써머(END OF SUMMER)'라는 늦여름의 만찬을 열었다.

K 가게 이름을 왜 라이프라고 하셨어요? '인생'이라는 뜻일까요?

A 이름에 묵직한 의미를 담고 싶었던 건 아니에요. 먹는다는 게 삶의 일부이기 때문에 그냥 '먹고 산다', '일상적인 생활'이라는 뜻이죠. 그래서 올 봄 출간한 〈라이프 오브 더 마인드〉도 일상 이야기, 일상 곁에 있는 식당의 모습을 담으려고 했습니다. 전하고 싶은 메시지가 있다면 '일도 사생활도 적당히 열심히'예요. 물론 우리 식당에서 일하는 사람들이 다 같이 공감하고 공유하면 좋겠다고 생각하는 원칙과 생각도 담겨 있고요.

K 그럼, 셰프님의 라이프스타일은 어떤가요?

A 평일에는 제가 행복한 일을 하고, 주말이나 여유가 있을 때는 가족과 공원을 걷고 조깅을 합니다. 가끔 서핑도 하고요. 도쿄는 바다와 가까우니까요. 자신에게 맞는 편안함을 찾아가는 것은 인생에서 가장 중요한 일이며, 그게 바로 라이프스타일이라고 생각해요. 조금 이상한 말이지만, 평범하게 행복한 인생을 살고 싶어요.

K 셰프, 편집자, 기획자 등 많은 일을 하고 있는데 하고 싶은 일이 또 있나요?

A 지방에 캠핑 레스토랑을 열고 싶어요. 캠핑할 수 있는 게스트하우스를 만들고, 레스토랑도 함께 운영하면서요.

K 손님이 많아지면 취미 생활이나 여가를 즐기기 쉽지 않을 텐데요. 일과 휴식의 밸런스는 어떻게 조정하세요?

A 우리 가게는 일반 레스토랑보다 직원이 많아서 휴일을 많이 배정할 수 있습니다. 처음부터 계획한 일이지요.

이곳에서는 독특하게 '라이프를 먹는 법'을 소개하고 있다. 채소를 많이 먹고 싶은 사람은 라이프 샐러드나 채소 토마토 조림, 키슈를 먹으면 좋다. 또는 레몬과 민트를 넣은 생파스타, 버섯 피자나 고르곤졸라 피자, 식후에는 소이 라떼 등 두유로 만든 음료수를 먹을 것. 또는 '나는 배가 고파서 포만감 있게 먹을 테다' 하는 사람은 토스카나식 모둠 전채 또는 오리지널 소시지 그릴, 라자냐나 일본풍 까르보나라, 꽃게 파스타, 새우 생파스타, 볼륨감 넘치는 시골 피자(못 먹어봤는데 어떤 느낌일지 궁금하다)가 좋다고 한다. 그래도 배가 안 찬다면 그 다음은… 고기로 가야겠지?

---

20 아이바 씨는 요요기 공원 옆의 라이프 외에도 DIY와 아웃도어 감각을 콘셉트로 하는 남성적인 카페 라이프 선(LIFE Son)을 공동 운영하고 있다. 〈라이프 선데이 모닝 마켓〉 등 다양한 이벤트를 여는 재미난 곳이다. 최근에는 바다가 보이는 쇼난 티-사이트에 가든 테라스와 트리하우스가 있는 '라이프 씨(LIFE Sea)'를 오픈해 화제가 됐다.

아틀리에 코인__ 편안한 웃음이 어울리게 나이 들고 싶다

예술과 젊은이들의 거리, 도쿄의 젊은 세대들이 가장 살고 싶어하는 동네로 인기를 타고 있는 기치조지(吉祥寺) 지역은 기치조지역을 중심으로 브랜드 숍과 재즈 카페, 라이브 하우스, 소형 영화관 등의 문화 공간, 갤러리, 먹자골목인 하모니카요코초(ハーモニカ横丁), 도쿄 시민들에게 가장 사랑받는 공원이라는 이노카시라공원(井の頭公園)까지 있어 다양한 문화를 함께 즐길 수 있다.

역에서 내려 나카미치 아케이드를 따라 끝까지 걸어가면 왼편에 큰 도토리나무가 있는 기치조지 니시공원이 나온다. 엄마들이 아이를 데리고 단체로 놀러 나왔는지 여기저기 둘러앉아 음식을 나눠먹으며 수다를 떨고, 아이들은 작은 놀이터에서 술래잡기를 하고 있다. 역 주변에 이렇게 잔디가 깔린 동산 같은 공원이 있다는 게 신기하다. 황금빛 햇살이 아이들을 비추니 그렇게 건강해 보일 수가 없다. 조금 이따 다시 와봐야지, 지금은 갈 곳이 있으니까. 공원을 왼쪽에 두고 우회전을 하니 '아틀리에 코인'이 보인다. 간판도 없고 별 다른 표시도 없어 지나치기 쉬운 곳, 여기는 아틀리에를 겸한 앤티크 수제 시계 숍이다. 눈에 띄지 않는 게 당연하다. 오너인 다이고 신타로(大護慎太郎) 씨는 '이 곳이 자리 잡는 날까지 천천히, 조용히 시간을 새겨 나가겠다'라고 생각하고 있으니까.

K 앤티크풍 시계를 만드시네요?

D 우리의 생활이나 삶은 결국 '시간'인데요, 시계를 만드는 사람으로서 시간을 확인하는 것뿐 아니라 시간 자체를 즐기는 것이 중요하다고 생각합니다. 그래서 함께 일상을 보내고 함께 세월을 쌓아갈 수 있는 시계를 만들고 싶었어요. 시계의 동력은 태양, 물, 불, 모래, 무게, 태엽, 전기 등으로 여러 번 달라졌어요. 그 역사도 표현하고 싶었고요. 그래서 아틀리에 코인의 시계는 여러 나라, 다양한 연대의 부품을 조합해서 만들고 있어요. 아, 무브먼트는 세이코(SEIKO)를 쓰지만요.

다이고 씨는 나가오카 조형대학에서 공예 디자인을 공부한 공예가였다. 그러다 수제 손목 시계 창설자 시노하라 야스하루(篠原康治) 씨에게 사사받고, 친구들과 함께 '조이 에피니 디자인(JOIE INFINIE DESIGN)'이라는 브랜드를 만들었다. '끝나지 않는 기쁨을 만들어 낸다'는 뜻이다. 그러다 2009년 기치조지에 아틀리에 코인을 오픈해 자신과 친구들의 작품을 판매하기 시작했다. 시계 안의 파츠는 세이코나 해외 부품을 사용하지만, 판이나 바늘 같은 디자인 요소는 모두 직접 디자인한다. 그래서 마음에 드는 시계를 골라 바늘만 바꾸거나 애초에 맞춤 주문을 하는 것도 가능하다. 앤티크풍 시계의 특징은 3년 정도 쓰다 보면 데님처럼 색이 자연스럽게 변한다는 것. 좀 많이 예쁜데? 기대한 보람이 있다. 이 가게에 들른다고 해서 이번 여행에 시계를 하나도 안 가져왔는데….

벽에 진열된 시계를 구경하다가 도저히 하나만 고를 수가 없어 다이고 씨에게 추천을 부탁했다. '위저드(마법사)'라는 이름을 가진, 문자판 중앙에 마법진(마방진)이 새겨져 있고, 두 줄의 빨간색 밴드를 손목에 감아서 연출하는 시계를 골라준다. 왜 자꾸 여기저기서 나에게 '마녀('마녀의 발톱'을 기억하는지)'니 '마법사'니 하는 물건을 골라주는 거야? 그런데 어쩌지? 제법 잘 어울린다.

안쪽 벽에는 벽시계가 옹기종기 걸려 있다. 하나가 눈에 들어와 물어보니 케이스가 깨져서 팔지는 않는다고 한다. "그 아래 오벌 모양 시계는요?" 이런, 이미 친구의 지인에게 팔려서 당장 배송이 나가야 하는 제품이란다. "저게 딱 예쁜데…." 일부러 애처로움 뚝뚝 묻힌 눈빛으로 아이 컨택을 하니, 다이고 씨가 미안함에 안절부절이다. "시계판이 소비에트 연방 시절에 쓰던 것이라 다시 수입을 해야 만들 수 있다"라고 마음을 담아 설명한다. 뭐, 그런 거라면 어쩔 수 없지.

시계 구경을 한참 하고 나오니 어느새 저녁이다. 노을이 바닥까지 깔려 있다. 조만간 종이 달이 뜰 것이다. 최근에 본 영화 〈종이달²¹〉 속 미야자와 리에가 떠오른다. 나이가 잘 들었다는 감탄이 절로 나올 만큼 예뻤다. 게다가 어쩜 그렇게 담백하게, 말린 채소 썰어놓은 것처럼 드라이한 연기를 할 수 있는지…. 그리고 어쩜 자전거를 그렇게 예쁘게 타는지…. 과거의 이미지대로라면 조금 더 캄캄한 밤처럼 늙을 줄 알았는데, 지금의 그녀는 서걱이는 오후 5시와 7시 사이의 저녁(일본어로 '유가타夕方'라고 하는)처럼 나이가 들어 있었다. 저녁 무렵은 모두에게 좋으면서 바쁜 시간이다. 한눈을 팔거나 여유를 부릴 수 있는 시간이 아니다. 저녁 식사 준비도 해야 하고, 집에도 돌아가야 한다.

영화 막바지에 그녀의 횡령을 밝혀낸 선배 직원이 이렇게 말한다. "분명 돈은 가짜일 수도 있죠. 종이에 불과하니까요. 하지만 그렇기 때문에 돈으로부터 자유로워질 수 없어요. 당신이 갈 수 있는 곳은 여기까지예요." 그러자 그녀가 말한다. "같이 갈래요?" 그 느낌은 어떻게 표현할 수가 없다. 그냥 탁 내려놓는 느낌. "진짜 같이 보여도 진짜가 아닌, 처음부터 모든 게 다 가짜. 가짜니까 망가뜨려도 상관 없다.

아… 난 자유롭구나." 그녀의 대사가 귓가에 맴돈다.

우리도 마찬가지다. 이제 지폐도 필요 없고 신용카드라고 부르는 플라스틱 조각도 아니고, 휴대전화 속 페이 프로그램 하나로 돈을 소비할 수 있는 시대. 자신이 소유한(또는 소유했다고 믿는) 돈 전체를 눈으로 본 사람이 얼마나 될까? 그야말로 돈은 좀비처럼 세상을 돌아다니고 있다. 그럼 집은 내 것이냐? 건물은 내 것이냐? 건물이 있다고 해도 거기서 내가 쓰는 공간은 요만큼 밖에 되지 않는다. 그런데도 우리는 보이지 않는 종이 달 때문에 전전긍긍하며 끌려 다닌다. 도대체 보이지도 않는 돈이 어느 정도 많아야 우리는 행복하다고 느낄까?

〈종이달〉에는 주인공이 푸른 새벽 하늘에 떠 있는 달을 손가락으로 지워보는 장면이 나온다. 그리고 달이 지워진다. 자기도 모르게 돈에 끌려다니던 그녀의 삶이 가짜이고, 어쩌면 지금 우리의 삶도 가짜일지 모른다는 메시지가 아닐까? 정작 중요한 건 지금 같이 있을 때 편안하게 맘껏 웃고, 살아 있는 이 순간을 의미 있고 재미있게 보내는 것이 아닐까? 그러니까 삶이 돈이고, 시간이 돈이다.

21 요시다 다이하치 감독의 2014년 작품. 미야자와 리에, 이케마츠 소스케, 오오시마 유코 등이 출연한다. 평범한 주부의 거액 횡령 실화를 바탕으로 한 가쿠다 미쓰요의 장편 소설 〈종이달〉을 영화화한 것. 아이 없이 남편과 둘이 평화롭지만 조금은 지루한 일상을 살고 있던 리카는 은행의 계약직 사원으로 개인 영업을 담당하다가 충동적으로 고객의 예금에 손을 대게 되고, 까다로운 고객의 손자인 대학생 고타와 관계를 맺으며 점점 돌이킬 수 없게 어긋나 버린다.

에디트 라이프 ___ 찰나의 행복을 쥐는 사람이 부자

오히려 내게는 사람이 돈이다. 3년을 알아온 사람, 5년을 만나온 사람, 10년을 동고동락한 사람, 그 시간과 에너지, 주고 받은 감정을 생각하면 차라리 그게 돈이겠다는 생각을 예전부터 했다. 그러니 어떤 사람이 갑자기 돌아서 버리면 나한테는 그게 갑자기 우리 집에 쳐들어와서 돈을 확 가져가는 느낌이다. 열심히 공을 들였고, 함께한 시간이 돈이고, 거기에 이자가 붙고 그리고 그게 내 인생이 된 건데. 그게 다 공수표였던 건지, 행복하지 않았다는 한 마디로 서로 적자로 끝내자는 건지 알 수가 없다. 그렇게 되면 어떻든 '인생'이라는 내 돈이 나가는 거다.

그런데 에디트 라이프 마쓰오 히토시(松尾仁) 씨는 보자마자 나에게 덥석 '돈'을 건네준다. 잡지 에디터 시절, 취재 때문에 만난 한국 아티스트의 추천으로 드라마 〈선덕여왕〉을 봤고, "내가 미실이다!"라고 외치는 미실에 빠져들었단다. 그는 나를 보자마자 미실 이야기부터 했다. "어쩔 수 없는, 어떻게 해도 돌이킬 수 없는 상황에서도 끝까지 악역을 연기하는 미실이 정말 멋졌다"라고. 처음에는 누가 오는지도 모르고 섭외하러 온 분에게도 미실 이야기를 꺼냈는데, 나중에 "이번에 오시는 분이 바로 그 미실"이라는 말을 듣고 자기도 모르게 소리를 질렀다나.

K 갑자기 부끄럽네요. 그동안 일본을 여행하면서 제 작품을 기억해주는 분을 만난 적이 없거든요. 그런데 이번엔 그런 분들을 뵙게 되네요. 여기 오는 길에 악수를 청해온 분도 있어요.

M 다른 역할들은 극 안에서 성장하고 변화하는데, 미실은 처음부터 미실로 등장해서 끝까지 '나는 악역이야'라는 것을 지루할 틈 없이 보여주었다고 생각해요. 진짜 무서웠고, 진짜 멋있었어요. DVD로 끝까지 봤는데 너무 재미있어서 주변 분들에게 빌려주면서 권하기도 했죠.

이 가게의 편집자이자 프로듀서인 마쓰오 씨는 매거진 〈릴랙스〉, 〈브루터스〉, 웹 미디어 〈라이프 해커 재팬〉 등에서 에디터로 일하다가 2013년부터 광고 기획, 웹 편집을 하며 싱가포르 서점 북스 액추얼리(BooksActually)[22]에서 열리는 행사를 기획했다. 당시 에너지가 넘치는 현지 아티스트들의 작업을 보고 싱가포르의 뮤지션과 작가, 디자이너 100명을 〈남자 아티스트展〉, 〈여자 아티스트展〉으로 나누어 소개하는 작업을 진행했다. 그러면서 에디터로 사는 동안 '진정 윤택한 삶은 무엇인가' 고민했던 기억이 떠올랐다고 한다. 왜 좋은 물건(작품)을 만드는 사람들이 제대로 평가받지 못하고, 좋은 것을 알고 사용하는 사람도 이렇게 적은 걸까? 그는 이 해묵은 고민을 해결하기 위해 좋은 물건을 창작하는 사람과 그것을 원하는 사람이 아시아라는 보다 넓은 공간에서 만나 정당

한 가격으로 거래할 수 있는 시스템을 만들기로 했다. 그래야 장인과 아티스트, 자신과 같은 기획자가 모두 살아남을 수 있기 때문이다. 그 래서 에디트 라이프 1호점은 싱가포르에 있다. 당시 일본 쪽 지인들이 '굳이 싱가포르까지 가야 할까?' 걱정했지만, 북스액추얼리를 통해 멋 진 생각을 가진 사람들을 만난 그에게는 확신이 있었다.

어찌 보면 에디트 라이프는 가게라기보다 잡지 같다. 아시아의 젊은 아티스트들과 함께 매월 테마를 정해 상품을 셀렉트하고, 홈페이지에 그 달의 상품은 물론 지난달 상품까지 모두 전시한다. 웹 잡지처럼 도 쿄와 싱가포르의 중심 인물을 인터뷰하고, 온라인숍에서는 관련 상품 을 구입할 수도 있다. 디스플레이도 이야기를 담아 진행한다. 콘셉트는 '입체 편집'이라고 한다. 잡지를 좋아하는 내게는 참 솔깃한 이야기다.

22 싱가포르의 핫 플레이스 티옹바루에서 가장 특색 있는 곳으로 손꼽히는 빈티지 콘셉트의 독립서점. 서 적 외에 오너가 수집한 골동품이 가득하며 출판사 매스페이퍼 프레스도 운영하고 있다. 또 각종 이벤트와 행사를 개최하며 대중과 아티스트, 작가들이 교류할 기회를 만들어가고 있다.

M 싱가포르에는 집에서 공연하는 밴드가 있는가 하면, 일본 백자인 아리타야키(有田燒)[23]와 컬래버레이션 하는 디자이너도 있어요. 또 황림이라는 디자이너는 가족을 테마로 작업을 하는데, 장인과 장모의 결혼식 사진과 자신의 가족 사진, 아이들이 그린 그림으로 앨범을 여러 권 만들어 타임캡슐처럼 알루미늄 박스에 넣는 작품을 만들었죠. 종이 비행기도 넣고, 아이들과 함께 밥 먹으면서 녹음한 테이프도 넣고···. 300개를 전부 팔았다 해도 적자였을 거예요. 북스액추얼리에 이 작품을 전시한 적이 있어요. 싱가포르에는 이렇게 재미있는 작업을 하는 친구들이 아주 많습니다.

K 저 종이 비행기도 아주 좋아하거든요! 아침에도 귀에 종이 비행기 스티커를 붙이고 나왔어요. 그리고 저희 가족과 제 모습을 담은 사진을 모으고 있어요. 이번에 여행지를 도쿄로 할까 싱가포르로 할까 많이 고민했는데···. 전 싱가포르에 한 번도 못 가봤거든요. 이렇게 되면 다음 번에 싱가포르 가야 되나요? 내년엔 세소코 씨랑 마쓰오 씨랑 같이 싱가포르 가는 거예요? 소름 끼치는데요!

M 앞으로는 국가가 아니라 사람과 물건이 자유롭게 이동하면서 맺는 관계가 더 중요할 것 같아요.

K 우리가 한국이나 일본, 싱가포르에서 태어난 것은 우리의 선택은 아니니까요. 그렇지만 지금, 그리고 앞으로 우리가 어떻게 살고, 무엇을 사고, 왜 사는지는 스스로 조율할 수 있잖아요? 그래서 저는 '(악기나 음을) 조율하다'는 뜻을 가진 영어 단어 '어튠(attune)'이 좋더라고요. 말씀하신대로 이제는 국경이나 인종이나 언어를 넘어서 넓게 볼 수 있으면 좋겠어요.

---

23 일본 사가현 남부에 위치하는 아리타 마을의 도자기를 가리킨다. 아리타는 1597년경 정유재란 당시 조선인 도공 이삼평 일행이 일본 최초로 백자를 만든 이후 백자의 상징이 되었다. 당시 일본은 흙으로 토기나 도기는 만들었으나 자기를 생산하지는 못했다고 한다.

앞의 일정이 조금씩 밀리면서 마쓰오 씨가 한참을 기다려준 것도 미안하고, 그런데도 전혀 개의치 않고 즐겁고 열정적으로 이야기해주는 것이 고맙기도 해서, 이대로 빚을 지고 갈 수는 없다는 생각이 들었다. 그래서 혹시 미실의 장면 중에서 특별히 기억나는 것이 있냐고 물었다. "2009년 제 머릿속에는 미실밖에 없었어요. 가장 생각나는 장면이 드라마가 끝날 때쯤 항상 정면으로 이렇게 외치는 모습이었어요. '내가 미실이다!' 분명 악역인데, 미실이 감당하고 있는 현실의 무게와 부담감이 느껴졌다고 할까요?" 그 장면에서 내 얼굴이 그렇게 화면을 가득 메우는 화면을 보면서 정말 죽고 싶었던 기억이 난다. 창피해서. 미실이 머리에 얹고 있던 가체는 무려 21킬로그램이었다. 어디 가서 이런 말은 정말 못하는데, 그래도 그 연기가 좋다고 하니 용기를 내보면, 사실 그 연기의 8할은 가체 무게에서 나온 게 아닌가 싶다. 연기를 한 게 아니고 무거워서 표정이 그랬던 거지. "내가 미실이다!" 연기하듯 말하니 마쓰오 씨가 좋아하며 박수를 보내준다. 실은 지금도 몸이 힘들어서 나온 연기다. "아무도 들을 수 없는 뒷 이야기를 미실에게 지금 들었네요. 감사합니다." 이 남자, 끝까지 팬심을 다한다.

드라마 마지막회 촬영 후, 〈선덕여왕〉 제작진이 준비한 깜짝 이벤트 영상을 본 적이 있다. 제작 스태프들이 꽃과 케이크, 촛불로 장식한 레드 카펫을 깔고 그녀를 기다리고 있었던 것이다. 8개월 간 완벽한 미실이었던 고현정에게, 신우염을 앓으면서도 끝까지 미실을 지켜낸 배우에게 고마운 마음을 전하기 위해. 누군가 박홍균 PD에게 "고현정과 미실을 어떻게 생각하느냐"고 묻자 고배우가 나서서 "그냥 제가 미실이었어요" 하고 상황을 얼버무렸다. 그리고 이벤트 내내 눈시울이 붉었으나 "절대 안 울어" 하고는 정말로 울지 않았다. 어쩜 방송에서나 현실에서나 똑같다. 일부러 울어줄 만도 한데, 그냥 너무 좋다고, 감사하다고 할 법도 한데…. 그녀는 분명 뒤에 가서 남몰래 우는 타입이다.

에디트 라이프는 그리 좁은 장소는 아니지만 한 공간에서 물건도 판매하고 워크숍도 하고 전시도 해야 하기 때문에 공간을 활용하는 아이디어가 많이 필요하다. 예를 들어 창문에 거울을 달아 두 가지 용도로 사용하거나, 워크숍 공간을 분리해놓은 벽을 내리면 작업 테이블이 되는 식이다. 슬라이딩 도어로 제작한 제품 진열장을 한 쪽으로 밀면 흰 벽이 나와 전시도 할 수 있다. 디스플레이에도 마쓰오 씨와 스태프들이 고심한 흔적이 역력하다. 물건도 작정하고 살펴보면 하나 하나 삶에 대한 배려가 느껴진다. 내가 좋아하는 밀크티에, 앤티크한 메탈 케이스에 담은 향초, 전문가나 쓸 법한 단위가 빼곡한 자까지. 이렇게 물건이 보이기 시작하면 사람에 집중할 수 없어서 물건은 보지 말아야지, 자꾸 다짐하게 된다.

바로 그 마음을 먹었을 때 눈에 들어온 까만 덩어리. 수도관을 재활용해 만든 화분에 선인

장과 다육 식물을 귀엽게 심어두었다. 작품명은 '스톡트 플랜트 팟 (STOKED PLANT POT).' 가장 작은 것의 지름은 1인치라고 한다. '30대 독신 남자를 위한 인테리어 기술'이라는 제목으로 잡지에 소개되기도 했다고. 하나 하나 수작업으로 만들어 똑같은 것이 없으며 개성 넘치는 식물과 수도관의 조합이 매력적이다. 이걸 가져가야겠다고 하니 동행들이 난색을 표한다. "이걸요?" 하는 표정들이다. "나 오키나와에서부터 유리병도 들고 갔었는데?", "그… 그렇죠. 방법이 있을 겁니다." 누군가에게서 곧 좋은 아이디어가 나올 것이다. 미안함은 잠시 넣어두기로.

작년에 오키나와에서 구입한 유리 스탠드는 맞는 콘센트와 전구를 찾지 못했는데, 그래도 한 번 불빛을 보겠다는 일념으로 이것저것 시도해보았다. 그러다 '펑!' 터질 수도 있다는 주위의 만류에 불안해져 결국 지금까지 못 켜고 같이 살고만 있다. 그 후로 일본에서 유리 조명은 사지 말자고 다짐했는데, 또 눈에 들어오는 게 있다. '낫 워크 램프(NOT WORK LAMP)'라는 조명은 작가가 하나 하나 불어서 유리 커버를 만들어 크기와 모양이 다 다르고, 와이어로 포장해서 그런지 꽤나 낭만적인 분위기를 띤다. 오키나와에서의 경험이 없었으면 이것도 집에 가져가서 같이 살았겠지. 이제, 그만. 이번 여행의 동행들을 더 이상 괴롭힐 수는 없으니까.

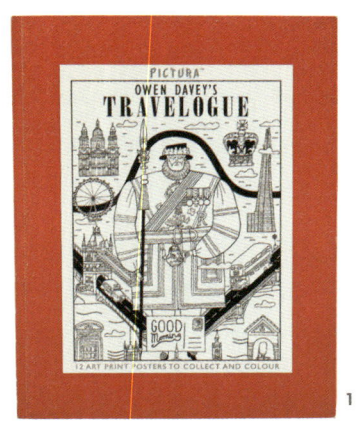

1

k's
Shopping Bag

2

'곁'에 남기고 싶은 것들

어릴 땐 선물을 받으면 마음이 불편했다.
빚진 기분이 들어서. 그리고 선물을 하면
슬펐다. 다시는 그 사람을 못 만날 것
같아서. 그런데 지금은 여행하면서 일행에게
선물하기를 즐긴다. 공유하고 싶은 기억을
담고 있거나, 나에게도 좋아 보이지만
지금 같이 있는 사람에게 더 어울릴 것 같은
물건은 어김없이 선물이 된다.
그리고 같은 마음으로 선물을 주면
염치가 없지만 받는다.

3

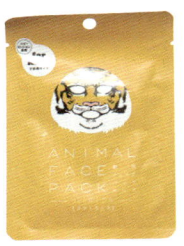

4

PEANUTS
by Schulz

A SCANIMATION™ BOOK BY RUFUS BUTLER SEDER

5

6

黒文字楊枝

SINCE 1716
NAKAGAWA MASASHICHI SHOTEN

7

8

9

1 에닉스한 그림책 2 바바그리의 테이프 커터 3 물 한 잔의 시원함을 느끼길 바란다면서 지인이 선물해준 유리잔. 아주 얇고 가볍다. 4 나카가와 마사시치 상점에서 산 어린이용 시트마스크 5 스누피의 움직이는 그림책 6 일행 중 한 사람이 선물한 철 소재 패키지 인주, 바바그리 제품이다. 7 나카가와 마사시치 상점의 이쑤시개 8 바바그리의 식물성 비누 9 이번 여행에서는 인주를 두 개나 선물 받았다. 백자와 쪽빛 그림이 잘 어울린다.

PART 8

그리고 특별한 공간들

곁만 준다면, 조금 더 가까이

나는 지금까지 같이 일한 사람들을 모두
기억하고 있다. 영화 〈해변의 여인〉 때문에
단 한 번 만난 사진작가를 10년 만에 다시
만났을 때 이름을 부르며 아는 척을 했다.
그는 촬영 당시에는 내가 말 한 마디 안 건넨 걸
기억하고 있었는지 "저, 기억하세요?"
하길래 대뜸 그 사이 결혼은 했냐고 물어보니
"벌써 갔다 왔다"고 했다. 더 반가웠다.
10년 전 그때, 내가 누구랑 이야기를 할 수
있었겠어? 그런데 지금은 누구라도 곁을
내준다면 조금 더 가까이 가고 싶다. 이번
여행에서 그래도 괜찮을 것 같다는 느낌을
받았기 때문이다.

Just need to get
closer, closer

이제 박스 밖으로 나와,
박스앤니들

Be si de
✝
the only
way for us to go

이제, 누구라도 곁을 내준다면
조금 더 가까이 가고 싶다.

박스앤니들는 오오니시 케이코(大西景子) 씨가 교토에서 101년간, 3대째 전통적인 종이 박스를 만들고 계신 부모님의 작업을 재해석해서 오리지널 박스와 포장지, 종이류 등을 디자인하고 제작, 판매하는 곳이다. 현재 교토와 도쿄에서 매장을 운영 중이고 이태리, 영국, 프랑스, 핀란드, 인도, 네팔 등 전 세계에서 모은 종이를 장인이 한 점 한 점 손으로 붙여서 제작하고 있다. 오오니시 씨는 이미 상자에 관련한 책을 여러 권을 출간했고, 이번 10월에는 NHK TV 〈멋진 핸드메이드〉에 강사로 출연하기도 했다.

그러고 보니 난 아직까지 교토를 못 가봤다. 일본에 살 때도 교토에 갈 기회가 여러 번 있었는데 그때마다 꼭 일이 생겨 못 가는 상황이 반복됐고, 결혼 전에도 촬영 차 갈 일이 있었는데 무슨 일인가가 생겨 가지 못했다. 그러다 보니 일본을 그렇게 자주 다니면서도 여태 교토에 가보지 못한 것이다. 사실 너무 좋을 것 같아 아껴두고 있다. 그동안 가보라는 사람은 많았지만 억지로 가는 것도 그렇고, 이제는 '자연스럽게 인연이 됐을 때 가도록 놓아두자' 하고 생각하고 있다. 그리고 이 나이 먹어서 "아직 교토를 못 가봤어요" 하는 것도 괜찮은 것 같다. 내가 돌아다니는 걸 즐기는 사람도 아니고, 또 모르는 게 많고, 안 가본 곳이 많아야 젊은이지.

K 향이 조용해서 그런지 종이가 더 잘 보이네요. 종이들이 경쾌해 보여요.

O 전통 기술을 쓰지만 느낌이나 표현은 현대적이기 때문일 거예요. 그동안 향을 느끼는 손님은 거의 없었는데…. 저희도 새로운데요?

K 보통 '전통'을 강조하는 공간에 오면 사향처럼 센 향으로 확 누르는 느낌이 있는데, 향이 은근하니까 종이가 적막하게 느껴지지 않고 경쾌하고 어려 보여요. 살아 있는 것처럼도 느껴지고요. 물론 색이나 문양도 영향을 미치겠지만요. 현대적이고 핫(hot)한 느낌까지 들어요. 그런데 어쩌다 박스를 만들게 되셨어요?

O 아무것도 들어 있지 않은 빈 박스는 상상의 여지를 주죠. 실제로 무언가를 담을 수도 있고, 누군가에게 줄 때는 이 박스 안에 앞으로 무엇이 들어갈까 생각해보게도 되고…. 그런 박스의 가치를 다르게 표현하고 싶었어요. 그러려면 오래 곁에 두고 싶은 물건이어야 하잖아요. 좋은 종이로 예쁘게 만들면 두고두고 쓸 수 있고, 많은 이야기가 들어가는 박스가 되지 않을까요?

K 한때 저에게는 박스가 일종의 타임캡슐, 또는 저를 보호해주는 아지트 같은 거였어요. 보호받지 못한다는 느낌이 드는 상황에 놓이면 열심히 박스를 모았죠. 이야기가 많이 관념적으로 가네요. 이러다 혼나니까 그만해야지.

이 가게에는 손으로 떠서 따뜻한 느낌이 배어나는 네팔산 종이가 있다. 히말라야의 2,000~3,000미터 고지대에서 자생하는 식물 '록타(Lok'tar)'의 껍질을 원료로 네팔 사람들이 만든다. 종이는 네팔 여성들의 중요한 수입원이라고 한다. 이곳은 자기들의 전통 기술과 색감, 센스를 활용해서 네팔을 포함한 여러 나라의 문화를 굉장히 정중하게 소비하고 있다. 경제 상황이 좋지 않은 나라의 여성들을 센스 있게 도울 방법이 없을까 고민해왔는데, 이건 정말 굿 아이디어다. 찬찬히 살펴보면 그들을 존중하면서, 정당하게 값을 치르고 그 나라의 문화를 제대로 소비할 방법이 많을 것이다.

네팔산 종이는 테이블 러너, 북커버, 컵받침으로도 쓸 수 있고 태피스트리처럼 벽에 걸어두어도 멋지다. 그리고 '바틱 종이'는 손으로 직접 떠서 만든 다음 왁스페이퍼를 발라 얇고 부드럽지만 찢어지지 않고 젖어도 상관없는 훌륭한 공예 재료다. 쓰임새가 아주 다양하지만 오오

니시 씨는 북커버로 사용하면서 독특한 질감을 느껴보는 것을 추천한단다.

박스앤니들의 오리지널 일본산 종이는 도예작가이며 다양한 분야에서 활약 중인 가고시마 마코토(鹿児島睦) 씨와 아트 디렉터 마에다 케이(前田景) 씨가 만든 것이 인기다. '전성기'라는 이름이 붙은 종이는 유젠지 전문 공방에서 화지에 한 장 한 장 인쇄한 것. 황금색과 은색이 잘 표현돼 있고 손끝으로 만지면 섬세한 입체감이 느껴진다. 프랑스어로 '파란 꽃(FLEURS BLEUES)'이라는 이름이 붙은 종이는 도자기 표면의 질감까지 전해지는 프린트로 완성했다. 이런 종이는 액자에 넣어 벽에 걸어도 좋고, 두꺼운 종이에 붙여 엽서를 만들어도 좋다. '라스팅 페이퍼'는 의료 기관이나 미국항공우주국(NASA)에서 사용하고 있는 특수 종이로, 가볍고 통기성이 좋지만 물이나 빛에 강해서 젖거나 색이 바라지 않고, 잘 찢어지지 않는다. 그래서 봉제를 해서 주머니나 파우치 등을 만들 수 있고, 식탁 매트로도 활용할 수 있다. 사용하면 할수록 종이 특유의 주름이 생긴다니 더욱 애착이 간다.

이제 다시 박스를 모아도 될까, 이전과는 좀 다른 마음으로?
즐거운 이야기를 많이 모아두기 위해서, 그리고 편안한 마음을
담아 누군가에게 전하기 위해서.

이 지면은 종이와 박스 전문점 박스앤니들과 가고시마 마코토 씨가 함께 디자인한 종이로 꾸몄습니다.

365일 _ 좋아하는 빵을 먹고 기운 충전

얼마 전 느닷없이 브래드 피트와 앤젤리나 졸리의 근황을 전하는 기사에 내 이름이 같이 떴다는 이야기를 듣고 실소를 금치 못했다. 타이틀은 '브래드 피트, 과거 고현정 이상형? 브래드 피트 같은 男 좋다'. 맞는 말이다. 나는 브레드(bread)는 쓴맛 나는 빵, 밥 같은 빵이 좋고, 브래드(Brad)는 피트가 좋다. 사실 여행 오기 직전 화장품을 론칭하는 날 완전히 부어서 나온 사진 때문에 마음이 많이 상했다. 그래도 오후 5시, 7시까지는 식욕이 생기지 않으니 어쩔 수 없다. JTBC〈비정상회담〉을 보면서 야식을 먹는 시간이 나는 즐겁다.

매일매일을 소중히, 그래서 '365일'이라는 이름을 걸게 된 빵집은 매일 먹는 것들이 사람의 마음과 몸을 만든다고 믿는다. 그래서 진짜 안심하고 믿을 수 있는 식재료를 구하기 위해 오너 셰프인 스기쿠보 아키마사(杉窪章匡) 씨가 일본 전역을 돌며 직접 마음에 드는 식재료를 구해온다. 요즘 식품이든 화장품이든 '오가닉'이라고만 써붙이면 통한다던데, 그는 단순히 오가닉이라고 만족하지 않는 것이다. 오가닉 식재료 중에 믿을 수 없는 것도 더러 있기 때문이다. 그렇게 구해온 계란, 채소, 소스 등은 가게에서 팔기도 한다.

생일이 크리스마스 당일이라는 스기쿠보 씨는 "좋은 재료와 그렇지 않은 재료를 고르는 것 또한 셰프의 중요한 역할이고, 옳은 식자재를 만드는 생산자의 판매처가 되어주는 것 또한 필요한 일"이라고 말한다. 이 뚝심과 고집은 어디에서 왔을까 궁금했는데, 알고보니 스기쿠보 씨의 친할아버지와 외할아버지 모두 일본 전통 옻칠인 와지마(輪島塗)²⁴ 장인이셨고, 따라서 본인도 장인이라는 책임감으로 셰프의 길을 걷고 있다고 한다. 2000년에 프랑스로 건너가 미슐랭 별 두 개를 받은 레스토랑 자맹(Jamin), 별 한 개를 받은 페트로시안(Petrossian)을 거쳐 2002년에 귀국, 나고야와 후쿠오카의 빵집을 프로듀싱한 후에 드디어 자신의 가게를 오픈하게 된 것이다. 점심도 거르고 여기저기 다닌 탓에 마침 배가 고팠는데 빵집에 와서 좋다. 맛있게 먹고 끝까지 힘을 내야지.

---

24 매년 11월 13일이 '옻칠의 날'일 만큼 일본은 옻공예를 사랑한다. 특히 일본 이시카와현의 와지마시는 대표적 옻칠산업 도시로 고급 칠기 브랜드인 '와지마누리'를 자랑한다. 8대째 같은 자리에서 200년 동안 옻칠 제품을 만들어 판매하는 장인 가문도 있으며, 루이비통이나 티파니 등 명품 브랜드와 컬래버레이션을 하면서 해외에도 널리 알려졌다. **25** 세계적 분자요리 셰프로 그가 운영하는 블루힐은 뉴욕에서 가장 예약하기 어려운 식당 중 하나다. 그는 '농장에서 식탁으로'라는 슬로건으로도 유명하다.

깨끗이 비워진 접시는 거짓말을 하지 않는다.

–댄 바버[25]Dan Barber,(1969~)

우리, 이제 끝까지 가봐요

이제 여행이 끝나간다. 이 와중에 노래가 생각난다. 이수미 씨가 노래한 〈내 곁에 있어줘〉! 내 연식이 나오는 노래군. 어려서부터 엄마 옆에서 따라부르던 곡이다. 이제 그 노래의 가사를 이렇게 바꿀까 보다. '네 곁에 있겠다/ 네 곁에 있겠다' 이런 가사면 얼마나 부담스러울까. '그래도 나는 오로지 네 곁에 있겠다/ 할 말은 이것뿐이야/ 네 사정 아무것도 모르지만 네 곁에 있겠다/ 내 일생 네 곁에 있겠다' 아휴, 속이 다 시원하다. '내 곁에 있어줘'는 상대방의 상태도 중요한데 '네 곁에 있겠다'는 내 마음의 상태, 내 의지를 전하는 거니까 나만 제정신이면 괜찮을 것 같다. 서로 나쁜 관계가 아니라면 먼저 이렇게 약속해주면 좋은 거 아닐까? '딴 데 안 가고 네 곁에 있겠다/ 죽을 때까지/ 내가 너에게서 벗어날 길이 없더라.' 이제는 누군가 내 곁에 기대는 대신 새로운 곁이 있다면 내가 좀 기대고 싶다. 그래서 '네 곁에 있겠다'이다.

일본 거리의 사인 중 '고코마데(ここまで, 뜻은 '여기까지')'라고 써 있는 간판만 보면 귀여워서 손바닥이 간지럽다. 나도 고씨, 내 동생도 고씨, 그래서 우리 남매는 고고. 그런데 며칠 동안 거리에서 고코마데를 하나도 못 찾았다. 고코마데가 안 보이면, '고코카라(ここから, 뜻은 '여기부터')부터 찾으면 되지. 독자분들도 여기까지 두번이나 〈고현정의 여행, 여행〉을 함께 했으니 앞으로도 쭉 같이 가면 좋겠다. 그래서 오래 오래 보면 좋겠다. 그 기대로 나는 사람들 속에서 웃으며 인사할 수 있다. 또 만납시다! 이제 나도 그만 집에 가야지.

이제 곁.으.로. 다가갈 수 있겠다

여행 마지막 날 차 안, 고배우가 컴백하기 한참 전에 쓴 일기 한 권을 챙겨왔다며 아무 페이지나 펼쳐 읽기 시작한다. "'…그런 나를 이겨줄 수 있는 대상이 왔으면 하는 바람. 욕심인가? 찾아야 하나?' 와, 이때 나 정신없이 막 적었네. 어리다, 어려. 하긴 10년도 훨씬 전이면 어린 거지." 지금은 "곁을 주는 것, 곁으로 가는 것 모두 피곤한 일"이라고 작게 되뇌던 그녀는, 그럼에도 불구하고 다시금 이수미의 〈내 곁에 있어주〉 가사를 바꿔 "네 곁에 있겠다"를 흥얼거린다. 처음에 박장대소하던 일행도 어느새 그 구절이 입에 배어 반복적으로 흥얼거리고 있다.

여행 기간 내내 슬쩍슬쩍 곁눈질해본 결과, 지난 오키나와 여행 때보다 고배우는 한결 행복을 느끼는 것 같다. 수치로 따지면 한 30퍼센트 정도 더? 이번이 벌써 이렇게 함께하는 두 번째 여행이어서 편해진 걸까? 좋은 에너지를 받아들일 수 있을 만큼 마음에 여유가 생긴 걸까? 나도 덩달아 즐거운 마음에 긴장감을 풀어서일까. 그녀의 빈 구석이 더 많이 보이는 것 같다. 바닥에 앉거나 눕고, 꽃을 끌어안고, 자유자재로 움직이는 유기체 같은 그녀. 그리고 보니 그 곁에 같이 앉아도 되고 같이 누워도 되고, 같이 걸어도 되는 거였다. 그래서 새롭게 발견한 현정의 곁, 도쿄다.

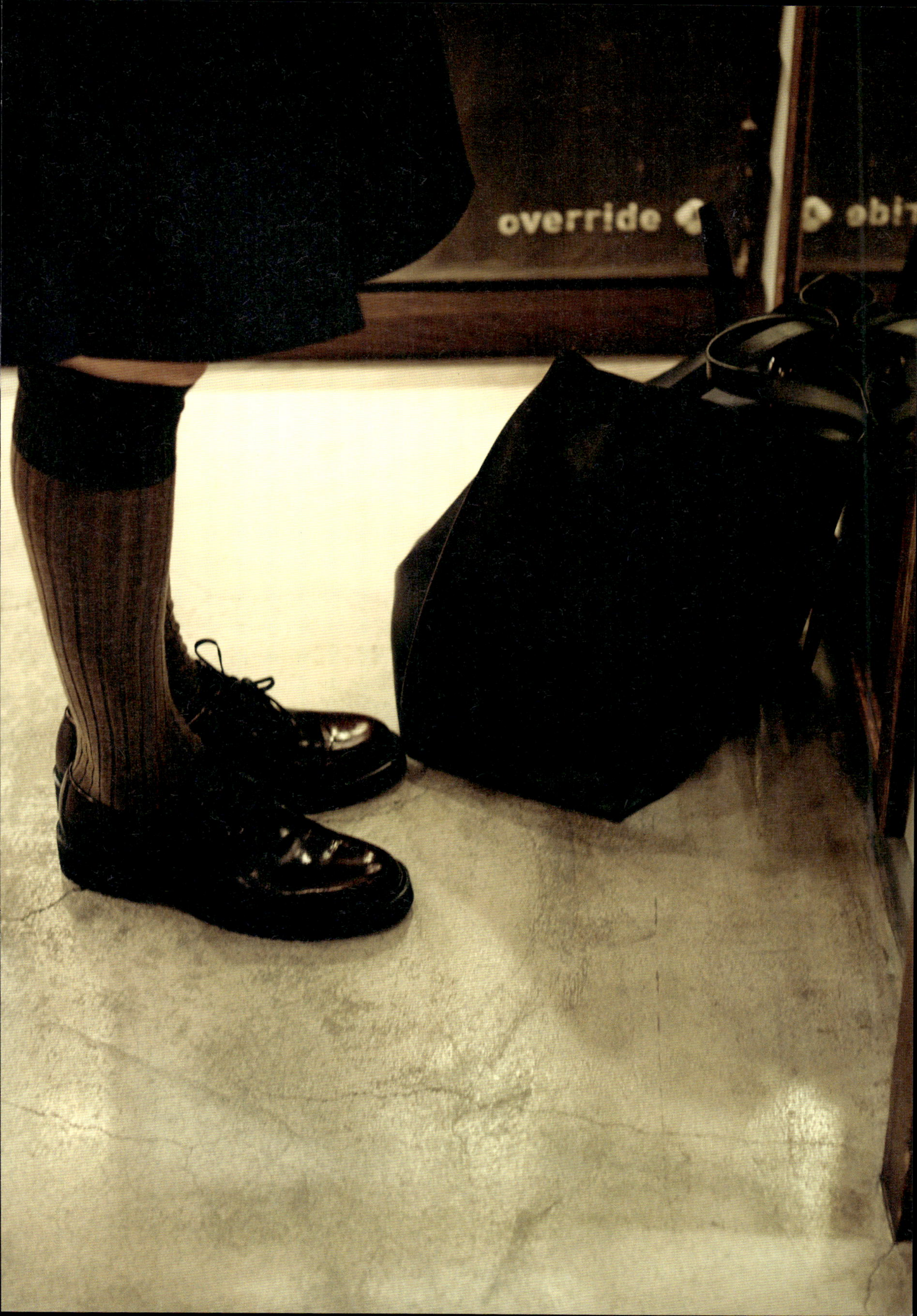
override

그러고 보니 그 곁에 같이 앉아도 되고
같이 누워도 되고, 같이 걸어도 되는 거였다.
그래서 새롭게 발견한 현정의 곁, 도쿄다.

k's place in Tokyo

Welcome to Kj azit in Tokyo,
      Welcom to such a beautiful place

구라마에 蔵前 KURAMAE

나카무라 티라이프 / 차, 음료
Nakamura tea life

오가닉 녹차 판매 전문점. 커피를 내리는 방식인 핸드 드립 개념을
차에 도입해 직접 차를 우려 마시는 즐거움을 전하고 있다.
주소 도쿄도 다이토구 구라마에 4-20-4(東京都台東区蔵前 4-20-4)
찾아가기 아사쿠사선 구라마에역 AO 출구에서 도보 5분
영업시간 오후 12~7시(월요일 휴무) **연락처** +81 3-5843-8744
홈페이지 www.tea-nakamura.com

마이토 / 패션 및 잡화
Maito

천연 염료로 물들인 천연 소재 실로 천을 짜고, 그 천으로
옷과 잡화를 만들어 파는 가게. 식물 염색 가죽제품과
잡화도 팔고 있다. 본점은 공방을 겸하고 있어 월 1회 염색
체험이 가능하다.
주소 도쿄도 다이토구 구라마에 4-14-12 1층
(東京都台東区蔵前 4-14-12 1階)
찾아가기 아사쿠사선 구라마에역 A0 출구에서 도보 2분
영업시간 오전 11시30분~오후 6시30분(월요일 휴무)
연락처 +81 3-3863-1128 **홈페이지** maitokomuro.com

인쿄 / 생활용품, 그릇
in-kyo

쓸수록 애착이 가는 그릇, 오너가 직접 고른 생활 도
구 등을 판매한다. 할머니 집에 온 것 같은 편안함과
일상적인 수다가 공존하는 가게. 2016년 3월 이전할
예정이므로 방문 전 홈페이지를 체크할 것.
주소 도쿄도 다이토구 고마가타 2-5-1 야나기다빌
딩 1층(東京都台東区駒形 2-5-1 柳田ビル1階)
찾아가기 아사쿠사선 아사쿠사역 A2 출구에서
도보 3분 **영업시간** 오후 12시~7시(4~9월),
오후 12~6시(10월~3월) (일요일과 월요일 휴무)
연락처 +81 3-3842-3577 **홈페이지** in-kyo.net

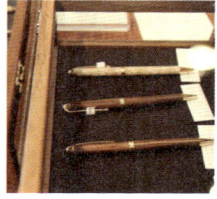

가키모리 / 문구
力キモリ

손님이 고른 종이로 노트를 만들어주는 오더 메이드
문구점. 다양한 펜, 연필, 노트 등을 판매한다.
바로 옆 잉크스탠드에서는 잉크를 조합하여
나만의 색을 가진 잉크를 만들 수 있다.
주소 도쿄도 다이토구 구라마에 4-20-12
(東京都台東区蔵前 4-20-12)
찾아가기 아사쿠사선 구라마에역 A0 출구에서 도보
3분 **영업시간** 화~금 오후 12-7시, 토, 일, 공휴일 오전
11시~오후 7시(월요일 휴무, 공휴일 제외)
연락처 +81 3-3864-3898
홈페이지 www.kakimori.com

기요스미 시라카와
清澄白河 KIYOSUMI SHIRAKAWA

코시라엘 / 패션 및 잡화
Coci la elle

작가가 직접 그림을 그리거나 수를 놓아 만든
양산과 우산, 비옷, 스카프, 손수건 등을 파는
곳이다. 패션, 아트같은 양산의 새로운 가치를
만들어 간다.
주소 도쿄도 고토구 미요시 2-3-2 1층
(東京都江東区三好 2-3-2 1階)
찾아가기 한조몬선 기요스미시라카와역 B2
출구 도보 5분 **영업시간** 오전 11시~오후 6시
(월요일 및 연말연시, 일본 추석 '오봉' 휴무)
연락처 +81 3-6325-4667
홈페이지 www.cocilaelle.com

요간레일 / 패션 및 잡화, 생활용품
Jurgen Lehl

자연주의 생활문화와 식문화, 환경을
생각하는 디자인, 패션 트렌드를
이끌어가는 브랜드. 패션, 잡화, 문구 등
다양한 장르의 아티스트와 컬래버레이션해
만든 물건을 팔고 있다. 2006년에는 천연
소재만을 이용해 옷과 잡화를 만드는
세컨드 브랜드 바바그리를 론칭했다.
주소 도쿄도 고토구 기요스미 3-1-7
(東京都江東区清澄 3-1-7)
찾아가기 한조몬선 기요스미시라카와역
A3 출구에서 도보 7분 **영업시간** 오전
11시~오후 7시(비정기적으로 문을 여니,
방문 전 홈페이지를 확인할 것)
연락처 +81 3-3820-8805
홈페이지 jurgenlehl.jp

기치조지
吉祥寺 KICHIJOJI

아틀리에 코인 / 시계
ateliercoin

여러 나라, 다양한 연대의 부품을
조합해서 만든 수제 시계 가게.
아틀리에를 겸하고 있어 찾아가면
제작 과정을 볼 수 있다.

주소 도쿄도 무사시노시 기치조지
혼마치 4-13-15(東京都武蔵野市吉
祥寺本町 4-13-15)

찾아가기 이노카시라선 기치조지역
북쪽 출구에서 도보 10분

영업시간 오후 1시~7시
(화요일과 수요일 휴무)

연락처 +81 42-77-0086

홈페이지 www.joieinfiniedesign.com

긴자 銀座 GINZA

모리오카 쇼텐 긴자점 / 책
森岡書店銀座店

일정 기간 동안은 단 한 권의 책만 파는 서점. 작가와
구매자가 책을 판매하는 곳에서 가까워졌으면 하는
바람을 담아 문을 열었다. 매월 작가와 편집자를 초대해
전시, 토크 콘서트 등을 진행한다.
주소 도쿄도 주오구 긴자 1-28-15 스즈키 빌딩 1층
(東京都中央区銀座 1-28-15 鈴木ビル 1階)
찾아가기 유락초선 신토미초역 1번 출구에서 도보 3분
영업시간 오후 1시~8시(월요일 휴무)
연락처 +81 3-3535-5020

이나니와 우동 긴자 사토 요스케 / 우동
稲庭うどん 銀座 佐藤養助

1860년부터 7대째 내려오는 우동 가문이 운영하는 가게로, 일본 3대 우동으로 꼽히
는 이나니와 우동을 옛 맛 그대로 즐길 수 있다. 기계를 전혀 사용하지 않고 사람의
힘으로 뽑아낸 면발의 촉감과 탄력을 느껴보시길.
주소 도쿄도 주오구 긴자 6-4-17 데이본관 1, 2층(東京都中央区銀座 6-4-17 出井
本館 1, 2階) **찾아가기** 지하철 긴자역 C2 출구에서 도보 5분
영업시간 평일 런치 오전 11시30분~오후 3시, 디너 오후 5시~다음 날 새벽 2시 토,
일요일 및 공휴일 런치 오전 11시30분~오후 3시, 디너 오후 5시~10시(연말연시 및
일본 추석 '오봉' 휴무) **연락처** +81 3-6215-6211 **홈페이지** www.sato-yoske.co.jp

히가시칸다 東神田 HIGASHI KANDA

구무 도쿄 / 생활용품
組む東京

장인이 만든 생활용품, 공예품, 일본과 해외에서 활동하는 작가의 작품을
소개한다. 사람과 사람, 물건과 물건, 사람과 물건이 엮여서 즐거운 일을
기쁘게 공유할 수 있는 공간이 되기를 꿈꾸는 가게.
주소 도쿄도 치요다구 히가시칸다 1-13-16(東京都千代田区東神田 1-13-16)
찾아가기 JR 바쿠로초역 2번 출구에서 도보 4분
영업시간 오후 12시 30분~7시(부정기 휴무, 이벤트에 따라 영업 시간이 바뀔 수
있으므로 방문 전 홈페이지를 확인 할 것) **연락처** +81 3-5825-4233
홈페이지 www.kumu-tokyo.jp

도쿄역 東京駅 TOKYO STATION

킷테 / 상업시설
KITTE

도쿄역과 이어진 상업시설로 공간의 콘셉트는 '연결'이라고 한다. 사람과 사람, 거리와 거리, 시대와 시대를 연결하는 공간 콘셉트로 일본 전국의 명품과 장인의 작품, 일본의 미적 감각을 표현한 오래된 가게 등 둘러볼 곳이 많다.

주소 도쿄도 치요다구 마루노우치 2-7-2 (東京都千代田区丸の内 2-7-2)

찾아가기 JR 도쿄역에서 도보 약 1분. 마루노우치선 도쿄역에서 지하도로 연결돼 있다.

영업시간 매장 월–토 오전 11시~오후 9시 (1/1, 법정 점검일 휴무) 일요일 및 공휴일 오전 11시~오후 8시 공휴일 전날은 오후 9시)

레스토랑, 카페 월–토 오전 11시~오후 11시 (1/1, 법정 점검일 휴무) 일요일 및 공휴일 오전 11시~오후 10시(공휴일 전날은 오후 11시)

킷테 그랑쉐 월–토 오전 10시~오후 9시 (1/1, 법정 점검일 휴무) 일요일 및 공휴일 오전 10시~오후 8시(공휴일 전날은 오후 9시)

*점포마다 영업 시간이 상이하니 자세한 내용은 각 점포에 문의 요망.

연락처 +81 3-3216-2811 (KITTE 안내센터 오전10시~오후7시)

홈페이지 jptower-kitte.jp

킷테 쇼핑몰 숍

하코아 / 목제 디자인 잡화
Hacoa Direct Store

결과 향이 뛰어난 나무로 디자인 잡화를
만들어 판매한다. 레이저를 이용해,
그 자리에서 이름을 새겨준다.
위치 4F **연락처** +81 3-6256-0867
홈페이지 www.hacoa.com

나카가와 마사시치 상점 / 생활용품
中川政七商店

300년의 역사를 지닌 숍. 온고지신의 마음을
바탕으로 집과 생활에 뿌리 내린 기능적이고
아름다운 생활용품을 판매한다.
위치 4F **연락처** +81 3-3217-2010
홈페이지 www.yu-nakagawa.co.jp

호쿠로쿠 소스이 /
자연주의 화장품 및 식품, 생활용품
北麓草水

일본의 야생초나 약용 식물의 잎과 꽃, 뿌리와
과실을 재료로 만든 자연주의 화장품과 식품,
일본 전통 소재와 기술로 만든 생활용품을 주
로 판매한다.
위치 4F **연락처** +81 3-6256-0815
홈페이지 www.hokurokusousui.com

nugoo 누구우 가마쿠라 / 패션 및 잡화
nugoo 拭う鎌倉

일본의 전통 염색 기법인 '주염(注染)'으로 물들인
손수건을 중심으로 '장인의 손에 의한 일본의
좋은 것'을 팔고 있다. 전통문양을 선명한
색상으로 염색한 보자기, 부드러운 주머니에 담은
일본 차나 와산본(和三盆) 설탕 등이 있다.
위치 4F **연락처** +81 3-6256-0888
홈페이지 www.grap.co.jp/nugoo/

클라스카 두 / 생활용품 및 기프트, 패션
Claska Gallery & Shop "Do"

생활용품을 중심으로 문구, 패션 잡화, 주얼
리 및 전통 공예품까지 일본 각지에서 만든
인기 오리지널 아이템을 판매한다.
위치 4F **연락처** +81 3-6256-0835
홈페이지 do.claska.com/

타비오 / 패션
Tabio

퀄리티 높은 실로 만든 양말을
만날 수 있다. 이곳의 양말은 특히
촉감이 뛰어나다.
위치 3F **연락처** +81 3-6256-0881
홈페이지 www.tabio.com/jp

요요기공원 代々木公園 YOYOGI PARK

라이프 / 파스타, 피자
LIFE

일상적인 즐거움과 슬로 푸드를 주제로 한 이탈리언 레스토랑.
식당을 운영하면서 서핑과 캠핑, 조깅을 즐기는 주인의
라이프스타일이 잘 담긴 가게다. 마가렛 호웰과 컬래버레이션해
만든 셔츠, 앞치마 등도 구입할 수 있다.
주소 도쿄도 시부야구 도미가야 1-9-19 1층(東京都渋谷区富ヶ谷
1-9-19 1階) **찾아가기** 지요다선 요요기코엔역 1번 출구에서 도보 3분
영업시간 런치 오전 11시 45분~오후 2시 30분, 디너 오후 6시~
10시(연중무휴) **연락처** +81 3-3467-3479 **홈페이지** www.s-life.jp

365일 / 빵과 음료
365日

매일 먹는 것들이 사람의 마음과 몸을
만든다고 믿는 빵 가게. 유기농 재료를
사용하는 데 그치지 않고 주인이 직접
전국을 돌며 구한 좋은 재료를 사용해
빵과 음식을 만든다.
주소 도쿄도 시부야구 도미가야 1-6-12
(東京都渋谷区富ヶ谷 1-6-12)
찾아가기 지요다선 요요기코엔역
1번 출구에서 도보 1분
영업시간 오전 7시~오후 7시
연락처 +81 3-6804-7357
홈페이지 www.365jours.jp

조후시 調布市 CHOFU CITY

데가미샤 세컨드 스토리 / 책, 문구 및 생활용품, 음료
手紙社 2nd STORY

'손편지 회사'라는 뜻의 이름을 가진 가게. 오늘의 편지라는 사이트를 운영하면서 핸드메이드로 작업하는 작가와 손잡고 제작한 문구 및 생활용품을 판매한다. 참여 작가 작품을 전시하고, 그들과 함께 축제를 열고, 잡지를 발행하면서 즐겁고 건강한 라이프스타일을 만드는 데 관심이 많다. 전시기간에는 기획전 오리지널 메뉴를 맛볼 수 있다.
주소 도쿄도 조후시 기쿠노다이 1-17-5 2층(東京都調布市菊野台 1-17-5 2階) **찾아가기** 게이오선 시바사키역에서 도보 1분
영업시간 오전 12시~오후 11시(월요일 휴무, 단 공휴일의 경우는 영업하고 화요일 휴무) **연락처** +81 42-426-4383
홈페이지 tegamisha.com/shop#2nd

데가미샤 본점 / 책, 문구 및 생활 용품, 음료
手紙社 本店

주소 도쿄도 조후시 니시쓰쓰지가오카 4-23-35 진다이단지 상점가(東京都調布市西つつじヶ丘 4-23-35 神代団地商店街)
찾아가기 게이오선 쓰쓰지가오카역 남쪽 출구에서 도보 10분
영업시간 오전 11시~오후 6시
(월~목요일 휴무 단, 공휴일은 영업)
연락처 +81 42-444-5331 **홈페이지** tegamisha.com

가타카타 / 패션 잡화 및 생활용품
kata kata

동물, 곤충, 식물, 풍경 등을 모티브로 가타조메 염색을 하는 귀여운 커플이 운영하는 공방 겸 숍. 직접 디자인한 천과 종이, 잡화 등을 판매한다.
주소 도쿄도 조후시 니시쓰쓰지가오카 4-23-35호동 진다이단지 상점 104(東京都つつじヶ丘 4-23-35号棟神代団地商店 104)
찾아가기 게이오선 쓰쓰지가오카역 남쪽 출구에서 도보 10분
영업시간 오전 11시~오후 6시(월~목요일 휴무)
연락처 +81 42-444-8438 **홈페이지** kata-kata04.com

진구마에 神宮前 JINGUMAE

에디트 라이프 도쿄 / 테마에 맞는 다양한 상품
EDIT LIFE TOKYO

한 권의 잡지 같은 편집숍. 일정 기간 테마를 정해 아티스트와 그들의 작품을 소개하고,
판매로 잇는 독특한 콘셉트를 가지고 있다. 일본 장인과 작가뿐 아니라, 싱가포르의
젊은 아티스트도 꾸준히 소개하고 있다. 머잖아 범아시아 숍이 되겠다는 포부를 가진 곳이다.

주소 도쿄도 시부야구 진구마에 2-27-6(東京都渋谷区神宮前 2-27-6)
찾아가기 JR 하라주쿠역에서 도보15분 **영업시간** 오전 11시~오후 8시(월요일 및 둘째, 넷째 목요일 휴무)
연락처 +81 3-5413-3841 **홈페이지** editlife.jp

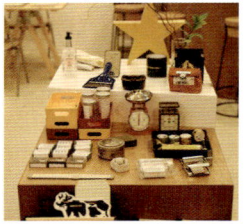

스윔슈트 / 잡화
SWIMSUIT DEPARTMEMT

인테리어 소품, 빈티지 물건, 공예품, 향토 완구 등 오래된 물건을
장르나 시대, 지역에 상관 없이 전시, 판매하는 잡화점이다. 잡화 컬렉션
의 대가가 운영하는 곳으로 신기한 물건이 아주 많다.

주소 도쿄도 시부야구 진구마에 3-36-26 빌라우치카와 201
(東京都渋谷区神宮前 3-36-26 ヴィラ内川 201)

찾아가기 긴자선 가이엔마에역 3번 출구에서 도보 10분

영업시간 월~수 사전 예약제, 목~일 오후 1시~6시(비정기 휴무)

연락처 +81 3-6804-6288

홈페이지 www.swimsuit-department.com

아오야마 青山 AOYAMA

하이이로 오카미 +
하나야 니시벳푸 쇼텐 / 꽃
はいいろオオカミ+
花屋 西別府商店

'고(古)와 생(生)의 공존'이라는 독특한 콘셉트를 가진 앤티크 꽃가게이다. 채도 낮은 꽃과 독특한 화병의 어울림이 매력적이며, 오래된 건물이 멋스럽다.

주소 도쿄도 미나토구 아오야마 3-15-2 맨션미나미아오야마 102(東京都港区青山 3-15-2 マンション南青山 102)
찾아가기 긴자선 오모테산도역 A4 출구에서 도보 5분 **영업시간** 오전 11시~오후 8시 (비정기 휴무)
연락처 +81 3-3478-5073
홈페이지 haiiro-ookami.com

헤이덴북스 : 바이 그린랜드 /
북스토어, 카페 & 바, 갤러리
HADEN BOOKS : by Green Land

잡지 편집자 출신의 주인이 아티스트들의 살롱을 꿈꾸며 만든 공간으로, 카페이며 서가이자 갤러리 이다. 고양이처럼 움직이는 주인의 차분한 분위기, 은신처 같은 안락함이 매력. 마음이 힘들 때 숨어들기 딱 좋은 곳이다.

주소 도쿄도 미나토구 미나미아오야마 4-25-10 (東京都港区南青山 4-25-10)
찾아가기 긴자선 · 치요다선 · 한조몬선 또는 도쿄 메트로 오모테산도역에서 도보 8분
영업시간 오후 12시~9시(월요일 휴무)
연락처 +81 3-6418-5410
홈페이지 www.hadenbooks.com

후타코 타마가와 二子玉川 FUTAKO TAMAGAWA

박스앤니들 / 문구 및 생활용품
BOX&NEEDLE

교토 종이 장인 가문의 딸이 운영하는 종이 박스 브랜드다. 선대의 기술과 감각에 현대적 감성을 더해 종이를 디자인하고 이 종이로 박스, 포장지, 종이 잡화를 만든다. 교토와 도쿄에 매장을 운영하고 있다.

주소 도쿄도 세타가야구 다마가와 3-12-11(東京都世田谷区玉川 3-12-11)
찾아가기 도큐덴엔토시선 후타코타마가와역에서 도보 5분
영업시간 오전 11시~오후 7시(수요일 휴무) **연락처** +81 3-6411-7886
홈페이지 boxandneedle.com

라이즈 / 쇼핑몰
rise

태양이 떠오르는 이미지를 이름으로 삼은 쇼핑타운. 도쿄 도심에서도 여유로운 자연 환경을 즐길 수 있는 후타코 타마가와역을 중심으로 레스토랑, 카페, 서점, 쇼핑시설, 산책로 등이 정비되어 있다. 생활가전과 책이 공존하는 쓰타야 가전 등 다양한 문화 공간이 있다.

주소 도쿄도 세타가야구 다마가와 2-21-1 (東京都世田谷区玉川 2-21-1)
찾아가기 도큐덴엔토시선
후타코 타마가와역 도보1분
영업시간 쇼핑몰 오전 10시~오후 9시,
레스토랑 오전 11시~오후 11시
*점포마다 영업 시간이 상이하니 자세한 내용은 각 점포에 문의할 것(1월1일 휴무)
연락처 +81 3-3709-9109
홈페이지 www.rise.sc

라이즈 쇼핑몰 숍

쓰타야 가전 / 생활가전, 책
蔦屋家電

가전제품과 잡지, 서적 등을 한 공간에서 구입할 수 있는
라이프스타일 제안형 복합 공간.
위치 S.C. 테라스마켓
영업시간 1층 서점 및 스타벅스 오전 7시~오후 11시
2층 전 매장 오전 9시~오후 11시 (1월1일 휴무)
연락처 +81 3-5491-8550
홈페이지 real.tsite.jp

스누피 타운 숍 / 문구 및 생활용품
Snoopy Town Shop

스누피와 친구들이 그려진 캐릭터 문구 및 오리지널
상품을 판매한다.
위치 타운프론트 6F
연락처 +81 3-5717-9177
홈페이지 town.snoopy.co.jp

◀▲개인 소장품으로
스누피 타운숍에서는
판매하지 않습니다.

이오리 / 타월 전문점
伊織

120년 역사의 타월을 구입할 수 있는 곳.
에히메현 북부에 있는 이마바리
(今治製) 타월을 판매한다.
위치 타운프론트 5F
연락처 +81 3-6805-6851
홈페이지 www.i-ori.jp

오버라이드 / 모자
override

'일본의 사계절'을 테마로 일본 특유의 감각과
감성을 표현한 모자 브랜드.
위치 타운프론트 3F
연락처 +81 3-6805-6750
홈페이지 override-online.com

가네코 간쿄 / 안경
金子眼鏡店

후쿠이현의 오래된 안경 전문
메이커 직영점. '일본의 안경 장인'
시리즈를 비롯해 장인의 기술로 만든
트렌디한 디자인의 안경은
해외에서도 인기가 높다.
위치 타운프론트 3F
연락처 +81 3-6411-7203
홈페이지 www.kaneko-optical.co.jp

epilogue

에 필 로 그

'책은 책 스스로의 생명이 있다'는 말을 들은 적이 있다. 이제 또 하나의 생명이 내 손을 떠난다. 이후로 이 책이 어떻게 자라나고, 어떤 모습이 되고, 누구와 어떤 영향을 주고 받을지 나는 알 수가 없다. 그래서 나는 이런 결정적 순간이 두렵다. 그럼에도 불구하고 심호흡 깊게 한 번 하고 손을 놓는다. 다 자란 생명은 어느 순간 떠나 보내는 게 능수다. 잘 가라, 나의 두 번째 여행책아.

이번 여행을 하는 동안 뜻하지 않게 많은 약속을 했다. 작년 첫 책에는 여행의 계기를 만들어주고 멋진 동행이 되어준 세소코 마사유키 씨와 "내년에 다시 만나요" 하는 단 하나의 약속을 남겼는데, 이번에는 "다시 만나요", "혼자라도 또 들를게요", "다음에 기회가 되면 같이 여행해요" 등등 가는 곳마다 약속의 말을 남겼다. 지나다가 불쑥 들러도 서로 반가울 것 같은 친구가 많아졌기 때문이다. 게다가 우리 사이에는 이 여행책이라는 훌륭한 다리가 있으니까 언제 보더라도 깔깔 깔깔, 웃을 수 있을 것이다. 특히 나는 한 번 말을 해버리면 꼭 지켜야 하는 사람이라, 어쩌면 다시 만날 기회를 그렇게라도 만들어두고 싶었는지 모른다.

이번에 코이의 첫 광고를 찍으면서 꼬마 때부터 알았던 감독님들을 다시 다 만났다. 연출 감독님부터 카메라 감독님, 조명 감독님까지…. 10년, 20년 전부터 "기회가 되면 우리 다시 뭉쳐요" 하고 약속했던 분들에게, 시간은 걸렸지만 모델이 아니라 광고주가 되어 내 나름으로 약속을 지킨 것이다. 때론 지금 한창 이름을 날리고 있는 사람보다 오랜 시간 숙성된 사람과의 작업이 더 기대되고 설렌다. '완벽한 합주'는 훌륭한 독주보다 몇 배나 어렵지만 그 만큼 희열도 크기 때문이다. 대본도 그렇다. 일정 부분 독주가 가능하겠다 싶으면 좀 쉬운 대본이고, 배우끼리 리듬과 멜로디를 완벽하게 주고 받아야 하는 합주가 많을수록 어려운, 그리고 좋은 대본이다.

그러니 내년에도 우리 다시 한 번 잘해봅시다.
하나씩 하나씩 나도 해 나갈게요.

현정의
결,

2015년 12월 31일 초판 2쇄 펴냄

지은이 고현정
기획 아이오케이컴퍼니, 인페인터글로벌
사진 목정욱
일러스트 김선영
디자인 커뮤니케이션 디오(design@7mm.kr)
콘텐츠 크리에이터 오앤케이
메이크업 아티스트 한마음
헤어 디자이너 이영남
네일 아티스트 한혜영
스타일링 고현정

펴낸곳 꿈의지도
발행인 김산환
책임편집 정다운
영업 마케팅 정용범
출력과 인쇄 두성 P&L
종이 월드페이퍼
주소 경기도 파주시 광인사길 217, 3층
전화 070-7535-9416
팩스 031-955-1530
홈페이지 www.dreammap.co.kr
출판등록 2009년 10월 12일 제82호
ISBN 979-11-86581-58-2-13980